AutoCAD 电气工程制图

（含工作页）

刘长国　黄俊强　孔凡梅　编著

机械工业出版社

本书讲解 AutoCAD 电气工程制图，采用任务驱动式教学方法，将六个项目分解成若干个精心设计的任务。每个任务将工程案例与软件的操作相结合，将专业知识与软件操作相结合，将专业规范与软件的操作相结合，实现理论教学与工程实践教学融通合一，能力培养目标与工作岗位需求对接。特别是 AutoCAD Electrical 软件相关内容的融入，对学生拓展 CAD 相关软件知识范围和应用能力提升均有益处。本书含有工作页，便于教师对教材自由组合，教师也可以自由选择工作页的任务，满足个性化教学要求。

本书在编写时，遵照立体化教材建设的方针，配置了丰富的配套教学资源。这些配套教学资源包括工程源文件、纸质教材中项目教学及课后习题工程案例的源文件和电子课件等，为授课和学习提供了方便。另外，本书还配有微课视频，扫描书中二维码即可观看任务制作演示过程。

本书可作为职业本科院校、高等职业院校以及中等职业院校的电气自动化技术、工业机器人技术、机电一体化技术、应用电子技术、智能控制技术等专业相关课程的教学与学习用书，也可作为制造业工作人员的参考资料和实训教材。

图书在版编目（CIP）数据

AutoCAD 电气工程制图：含工作页/刘长国，黄俊强，孔凡梅编著 . —北京：机械工业出版社，2023.1（2025.1 重印）

高等职业教育系列教材

ISBN 978-7-111-72025-6

Ⅰ . ①A… Ⅱ . ①刘… ②黄… ③孔… Ⅲ . ①电气工程-工程制图-AutoCAD 软件-高等职业教育-教材 Ⅳ . ①TM02-39

中国版本图书馆 CIP 数据核字（2022）第 212535 号

机械工业出版社（北京市百万庄大街 22 号　邮政编码 100037）

策划编辑：曹帅鹏　　责任编辑：曹帅鹏
责任校对：张艳霞　　责任印制：单爱军

北京虎彩文化传播有限公司印刷

2025 年 1 月第 1 版·第 5 次印刷
184mm×260mm·14.25 印张·346 千字
标准书号：ISBN 978-7-111-72025-6
定价：59.00 元

电话服务　　　　　　　　　　网络服务

客服电话：010-88361066　　机　工　官　网：www.cmpbook.com
　　　　　010-88379833　　机　工　官　博：weibo.com/cmp1952
　　　　　010-68326294　　金　书　网：www.golden-book.com
封底无防伪标均为盗版　　机工教育服务网：www.cmpedu.com

前　言

本教材为适应"以就业为导向""以能力为本位"的职业教育教学模式的需要,通过校企合作完成教材的开发。这样可以让学生在校期间就了解企业的工程案例,锻炼学生解决实际工程问题的能力。在教材内容的表达、呈现方面,适应了学生的心理特点和认知习惯,语言简明通顺、浅显易懂,采用与真实工作过程一致的源文件和图像,做到图文并茂、引人入胜。企业一线工程师在对接职业岗位需求和提高职业技能方面也对本教材提出了许多宝贵建议。为了更好地满足职业岗位的需要,教材内容与相应的职业资格标准或行业技术等级标准接轨。

本教材含有工作页,方便教师教学,更方便学生学习。同时也突出了教学内容的实用性和实践性。教材配套资料中大量的工程案例源文件为师生拓展练习、灵活学习提供了保障。本教材教学学时可在 64~96 之间灵活调整。

为了推动党的二十大精神进教材、进课堂、进头脑,本教材突出职业引导和思想教育功能,使学生了解职业、热爱职业岗位,帮助学生树立正确的价值观、择业观,培养良好的职业道德和职业意识,每个项目均安排有课程思政内容。

本教材采用 AutoCAD 2018 作为教学参考软件。根据实际需要,只要求掌握二维图形的绘制方法,没有讲述较难掌握的三维图形的绘图方法。

本教材采用任务驱动式教学方法,共安排六个项目,将每个项目分解成若干精心设计的任务。为了达到"教、学、做"紧密结合,将每个任务都分成"教中学""做中学""学中做"三个模块,再辅以"提速宝典""技巧宝典"等内容,强化绘图速度及绘图技巧的训练。其中"学中做"模块通过工作页呈现,有利于"工学结合一体"人才培养模式的实施。

首先通过"教中学"模块,介绍任务完成必需的基础知识与技能。然后通过"做中学"模块,指导学生完成电气工程设计实例的绘制操作,掌握软件基本操作,同时强化专业技能的培养,将工程案例与软件的操作进行有机结合,做到计算机软件操作技能为项目任务服务。再通过"学中做"模块,将专业知识与软件操作相结合、将专业规范与软件操作相结合。相关的软件操作命令和专业技能在完成任务的过程中得到掌握和提高。充分认识到技能是学生自己练会的,不是教会的,因此"做中学"和"学中做"模块,主要由学生完成,教师只起到指导作用,特别是"学中做"模块以工作页方式呈现,有利于学生综合素质训练,也有利于教师根据行业和需要适当安排练习内容。

本书根据需要在书后增加了附录,归类列出 AutoCAD 2018 常用键盘快捷命令速查表、AutoCAD 2018 工具按钮速查表,便于学生查询。

本教材的特色如下。

1) 含工作页,便于教师对教材自由组合,教师可根据学生将来的就业岗位自由插入几个任务,更便于个性化教学,满足不同难易程度的要求。

2) 本教材所采用的"以实例带教学"的手段,不同于过去为了学习软件而学习的编写模式,而是通过练习一个个工程实例,在完成任务的过程中自然而然掌握软件的基本操作。

3) 本教材的任务大多是来自校企合作企业,通过合理设计和编排,达到由简单到复杂,由浅入深,循序渐进,知识和技能螺旋式地融于任务中。为了使初学者入门,任务尽量与学生前述基础课程的内容相关联,同时为后续课程服务。学生在学习 CAD 软件功能的同时,也是对专业知识的强化过程。

4) 本教材每个项目中均融入了课程思政内容。充分挖掘课程特色和优势,提炼专业课程中蕴含的文化基因和价值范式,将其转化为社会主义核心价值观具体化、生动化的有效教学载体,在"润物细无声"的知识学习中融入理想信念层面的精神指引。从而培养学生的职业道德、担当和职业精神。

本教材编写约定如下。

在没有特殊指定时,单击、双击和拖动是指用鼠标单击、双击和拖动,右击是指用鼠标右键单击。

部分操作步骤用带背景的文字来表示,是从软件命令窗口中复制获得,学习者可直接模仿操作。部分通过视频来讲解的操作,内容可能会超出教材示例的学习范围,从而讲解更透彻更详细,学习者可通过扫描书中二维码进行学习。

组合键操作时,用"+"号将两个或者多个键一起连接,表示同时按下两个或者多个键。例如,复制功能可表示为〈Ctrl+C〉。

为了帮助读者更加直观有效地学习本书,随书有大量配套资源,供读者参考。学好 AutoCAD 的知识导图如下图所示。

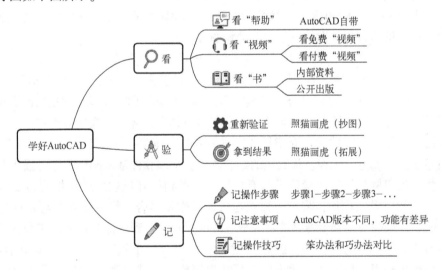

本教材由四平职业大学刘长国、宜兴高等职业技术学校黄俊强、四平职业大学孔凡梅共同编著。感谢长春卷烟厂仓储处刘诗博、四平市农业机械化技术推广中心孙占利、四平艾维能源科技有限公司姜海鹏为教材提供案例支持。本教材由吉林省艾斯克机电股份有限公司刘长伟正高级工程师、四平供电公司劳模创新工作室带头人琚永安主审。

由于编者的经验、水平有限,书中难免存在不足和缺陷,敬请广大读者和同行批评指正!

编 者

目　录

项目一 AutoCAD 电气工程图的认知

知识目标	能力目标	素质目标
1. AutoCAD 2018 软件启动，界面知识，创建、打开和保存文件及状态栏功能 2. AutoCAD 2018 常见绘图工具和修改工具的使用方法及技巧 3. 文字、表格和尺寸样式的创建及具体使用方法和技巧 4. 图纸幅面及格式、比例、字体、图线及尺寸标注的绘图标准规范和使用方法；不同类型电气图的绘制规范	培养学生： 1. 分析问题、解决问题的能力 2. 查阅各类相关资料手册的能力 3. 制定视图表达方案的能力 4. 阅读和绘制电气工程图样的能力	1. 科学技术的进步、学科发展要与国家发展战略紧密结合起来 2. 高等教育是为党育人，为国育才，培养大学生具有民族自豪感 3. 提升大学生的政治认同和学科认同

CAD 软件是电气、建筑、机械等各行业设计师常用的一款应用范围很广的设计软件。在 CAD 软件没有推广应用之前，工程制图课有一句调侃："一张纸、一盏灯，一张工图画一天"。与效率低下速度慢的手工绘图相比，CAD 制图有很多优势。国产 CAD 绘图软件有如下几种：自主平台软件有中望 CAD、CAXA 电子图版、尧创 CAD、浩辰 CAD 等；二次开发软件有天正 CAD、天河 CAD 等。AutoCAD 是目前世界上应用最广的 CAD 绘图软件。

2020 年初，在武汉蔡甸火神山 10 天建成一所可容纳 1000 张床位的医院，创造了建筑史上的奇迹。众多设计师们不论报酬、不计付出，按时向政府和施工方交出了高质量、符合规范的设计图样，为医院的如期建成提供了坚实的技术支持。彰显了中国设计师的责任与担当、设计能力的国际领先水平，激发了国人的爱国热情和民族自豪感！人们常说科学技术是第一生产力，疫情中科技的力量更是体现得淋漓尽致。希望同学们客观地了解国产 CAD 设计软件与进口软件的差距，潜心学习，练好本领，将来为解决"卡脖子"问题贡献自己的力量。作为电气类专业的学生，电气绘图是基础，只有学好电气制图的基础知识及制图技能，才能在毕业后更好地发挥聪明才智，为实现中华民族的伟大复兴做出更大贡献。

任务 1.1　初步了解 AutoCAD 2018 软件的基本知识

【教中学】

1. AutoCAD 2018 软件启动

双击计算机桌面上的 A 快捷图标，打开 AutoCAD 2018 软件的"开始选择"窗口，如图 1-1 所示。

单击如图 1-2 所示"开始绘制"按钮，进入如图 1-3 所示的 AutoCAD 2018 界面，可开始绘制新图形。

技巧宝典　快速进入 CAD 绘图界面

方法：在命令行输入 startup→按〈Enter〉键→再输入"0"→按〈Enter〉键。然后，关掉 CAD 软件，再次双击计算机桌面的 CAD 图标打开 CAD 软件，就直接进入绘图界面。该技巧可跳过新建文件操作，启动也会快很多。

图 1-1　AutoCAD 2018 软件"开始选择"窗口

2. AutoCAD 2018 界面

AutoCAD 2018 界面如图 1-3 所示。简介如下。

（1）标题栏　标题栏在工作界面的最上方，其左端显示软件的图标、快捷访问工具栏、软件的版本、当前图形的文件名称；右端的按钮，可以最小化、最大化或者关闭 AutoCAD 2018 的工作界面。

右键单击标题栏（右端按钮除外），系统将弹出一个对话框，除了具有最小化、最大化或者关闭的功能外，还具有移动、还原、改变 AutoCAD 2018 工作界面大小的功能。

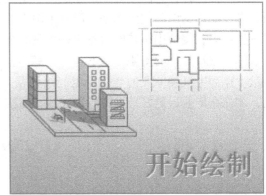

图 1-2　AutoCAD 2018 开始绘制按钮

技巧宝典　CAD 菜单栏不见了怎么办

方法：单击快速访问工具栏旁的小三角，在出现的快捷菜单中选择"显示菜单栏"即可。

（2）功能区　功能区包括"默认""插入""注释""参数化""视图""管理""输出""附加模块""A360""精选应用"共 10 个选项卡，如图 1-4 所示。每个选项卡集成了相关的操作工具，方便用户的使用。用户可以单击功能区选项后面的 按钮，控制功能的展开与收缩。

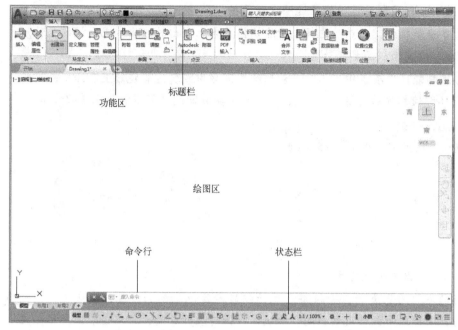

图 1-3　AutoCAD 2018 界面

图 1-4　AutoCAD 2018 功能区

功能区按逻辑分组来组织工具，提供了一个简洁紧凑的选项面板，其中包括创建或修改图形所需的所有工具。可以将它放置在以下位置：

➤ 水平固定在绘图区域的顶部（默认）。

➤ 垂直固定在绘图区域的左边或右边。

➤ 在绘图区域中或第二个监视器中浮动。

功能区由一系列选项卡组成，这些选项卡被组织到面板，其中包含很多工具栏中可用的工具和控件。如图 1-5 所示。

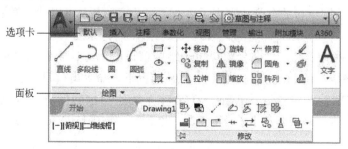

图 1-5　功能区面板

一些功能区面板提供了对与该面板相关的对话框的访问。要显示相关的对话框，可单击面板右下角由箭头图标▣表示的对话框启动器。如图 1-6 所示。

⬤ **技巧宝典** 如何控制显示功能区选项卡和面板

在功能区上单击鼠标右键，然后选择或清除快捷菜单上列出的选项卡或面板的名称。

⬤ **技巧宝典** 浮动面板的灵活放置

可以将面板从功能区选项卡中拖出，并放到绘图区域中或其他监视器上。浮动面板将一直处于打开状态（即使切换功能区选项卡），不用时将其放回到功能区。如图 1-7 所示。

图 1-6　对话框启动器

图 1-7　浮动面板

⬤ **技巧宝典** 滑出式面板的灵活调用

单击面板标题中间的箭头▼，面板将被展开以显示其他工具和控件。默认情况下，当单击其他面板时，滑出式面板将自动关闭。要使面板保持展开状态，可单击滑出式面板左下角的图钉图标📌。如图 1-8 所示。

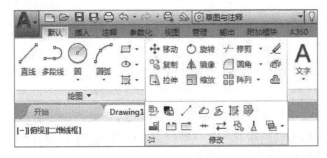

图 1-8　滑出式面板

（3）绘图窗口、十字光标、坐标系图标和滚动条　绘图窗口内有一个十字光标，其随鼠标的移动而移动，它的功能是绘图、选择对象等。光标十字线的长度可以调整。

绘图窗口的左下角是坐标系图标，它主要用来显示当前使用的坐标系及坐标的方向。

滚动条位于绘图窗口的右侧和底边，单击并拖动滚动条，可以使图样沿水平或竖直方向移动。

（4）命令行和命令窗口　命令窗口位于绘图窗口的下方，主要用来接受用户输入的命令和显示 AutoCAD 2018 系统的提示信息。默认情况下，命令窗口只显示一行命令。

若想查看以前输入的命令或 AutoCAD 2018 系统所提示的信息，可以单击命令窗口的上边缘并向上拖动，或在键盘上按下〈F2〉快捷键，屏幕上将弹出"AutoCAD 文本窗口"对话框。

AutoCAD 2018 的命令窗口是浮动窗口，可以将其拖动到工作界面的任意位置。

（5）状态栏　状态栏位于 AutoCAD 2018 工作界面的最下边，它主要用来显示 AutoCAD 2018 的绘图状态，如当前十字光标位置的坐标值、绘图时是否打开了正交、对象捕捉、对象追踪等功能。

状态栏显示光标位置、绘图工具以及会影响绘图环境的工具。

状态栏提供对某些最常用的绘图工具的快速访问。可以切换设置，如夹点、捕捉、极轴追踪和对象捕捉。也可以通过单击某些工具的下拉箭头来访问它们的其他设置。AutoCAD 2018 状态栏如图 1-9 所示。

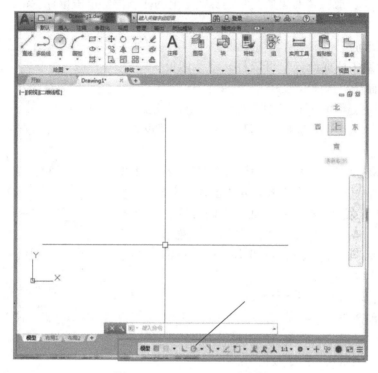

图 1-9　AutoCAD 2018 状态栏

技巧宝典　工具的灵活调用

默认情况下，不会显示所有工具，可以通过状态栏上最右侧的按钮，选择在"自定义"菜单上显示的工具。状态栏上显示的工具可能会发生变化，具体取决于当前的工作空间以及当前显示的是"模型"选项卡还是"布局"选项卡。还可以使用键盘上的功能键〈F1〉~〈F12〉，切换其中某些设置。

状态栏提供了对某些最常用绘图辅助工具的快速访问。状态栏显示在界面的右下角。默认状态栏如图 1-10 所示。

图 1-10　AutoCAD 2018 默认状态栏

使用方法：

1）如果状态栏当前不显示，可在命令行中输入 STATUSBAR，然后输入"1"。

2）某些控件是切换开关，这意味着单击一次将打开或关闭该功能。

打开/关闭以下工具:"栅格"显示、"正交"模式、"对象捕捉追踪"。

注意:蓝色背景表示某个功能处于打开状态。如图 1-11 所示。

打开

图 1-11 状态栏打开/关闭状态

3)单击箭头,或在"对象捕捉"图标按钮上的任意位置单击鼠标右键,以显示关联菜单。如图 1-12 所示。

① 选中或取消选中某个对象捕捉设置。

② 单击"对象捕捉设置"可以打开"绘图设置"对话框的"对象捕捉"选项卡。

4)对于具有选项设置的工具,可单击鼠标右键,在快捷菜单中选择"菜单"选项,以显示该工具的"设置"对话框。

5)将光标悬停在某个工具上,然后按〈F1〉键,可以打开该工具的"帮助"主题。快捷菜单功能表见表 1-1。

6)屏幕快捷菜单。在工作界面的不同位置、不同状态下单击右键,屏幕上将弹出不同的屏幕快捷菜单,使用屏幕快捷菜单使得绘制、编辑图样更加方便、快捷。快捷菜单上通常包含以下选项:

➢ 重复执行输入的上一个命令。

➢ 取消当前命令。

➢ 显示用户最近输入的命令的列表。

➢ 剪切、复制以及从剪贴板粘贴。

➢ 选择其他命令选项。

➢ 显示对话框,例如"选项"或"自定义"。

➢ 放弃输入的上一个命令。

图 1-12 "对象捕捉"关联菜单

表 1-1 快捷菜单功能表

主　键	状态栏图标	功　能	说　明
〈F3〉		对象捕捉	打开和关闭对象捕捉
〈F4〉		三维对象捕捉	打开和关闭其他三维对象捕捉
〈F7〉		栅格显示	打开和关闭栅格显示
〈F8〉		正交	锁定光标按水平或垂直方向移动
〈F9〉		栅格捕捉	限制光标按指定的栅格间距移动
〈F10〉		极轴追踪	引导光标按指定的角度移动
〈F11〉		对象捕捉追踪	从对象捕捉位置水平和垂直追踪光标

3. 调用绘图命令的几种方法

在 AutoCAD 2018 中调用绘图或者编辑命令常用以下三种方法。

➢ 在命令行中输入相应的命令。

➢ 选择相应的菜单。

➢ 选择相应的工具图标按钮。

4. 绘图区域背景颜色的更改

绘图区域默认的是黑色背景，用户可以根据需要更改背景颜色。

方法：选择"工具"菜单下的"选项"子菜单，将弹出图 1-13 所示的"选项"对话框。选择"显示"选项卡。单击"颜色"按钮，将弹出如图 1-14 所示的"图形窗口颜色"对话框，在"上下文"列表框中选择"二维模型空间"，在"界面元素"列表框中选择"统一背景"，然后在"颜色"列表框中选择所需要的背景颜色，最后单击"确定"按钮更改背景颜色。

图 1-13 "选项"对话框   图 1-14 "图形窗口颜色"对话框

5. 文件打开、保存

选择菜单"文件"→"打开"，调出如图 1-15 的对话框，可以在该对话框中选择要打开的图形文件，可能同时打开多个文件。

选择菜单"文件"→"保存"，调出如图 1-16 的对话框，该对话框中提示要保存文件的名称、类型及路径。

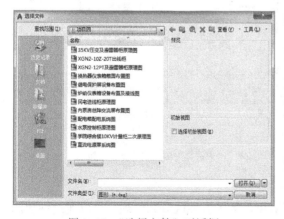
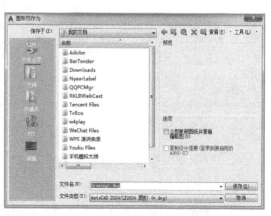

图 1-15 "选择文件"对话框   图 1-16 "图形另存为"对话框

技巧宝典 如何在多个 CAD 文件中切换

1) 快捷键：〈Ctrl+Tab〉。

2) 打开"窗口"菜单选择。

3) 输入命令 OP，打开"选项"对话框，选择"显示"选项卡，将"显示文件选项卡"选项选中，即可在 CAD 窗口上方显示文件标签。

6. 视图的移动、缩放、旋转

视图的移动、缩放、旋转等可以通过"工具"菜单选择"工具栏"下"AutoCAD"选项，调用如图 1-17 所示的"缩放"工具栏以及图 1-18 所示的"动态观察"工具栏实现。

图 1-17 "缩放"工具栏　　　　　图 1-18 "动态观察"工具栏

技巧宝典 快速平移、缩放和全部显示

➤ 平移：按住鼠标滚轮，屏幕上出现🖐形状，上下左右移动即可。

➤ 缩放：向前推动鼠标滚轮会放大，向后推动鼠标滚轮可缩小。

➤ 全部显示：双击鼠标滚轮，将显示所有图形。

7. 草图设置

在 AutoCAD 2018 中，选择"工具"菜单中的"绘图设置"选项，调出"草图设置"对话框，可以设置栅格显示间距、栅格捕捉间距、极轴追踪、对象捕捉以及对象输入的方式，如图 1-19a 所示。在"对象捕捉"选项卡中可设置端点、中点、圆心、节点、象限点、交点、延长线、插入点、垂足、切点、最近点、外观交点、平行等多种对象捕捉方式，如图 1-19b 所示。

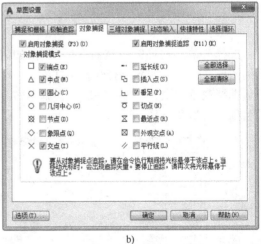

a)　　　　　　　　　　　　　　　b)

图 1-19 草图设置

a)"草图设置"对话框　b)草图设置中"对象捕捉"选项卡

8. 图层

在一个复杂图形中有许多不同类型的图形对象，为了方便区分和管理，可以通过创建图层，将特性相似的对象绘制在同一个图层上。

　　AutoCAD 可以创建多个图层，但是只能在当前图层中绘制图形。每个图层有一个名称，同一图层上的对象有相同的颜色和线型，可以对各个图层进行打开、关闭、冻结、解冻、锁定与解锁等操作。

　　选择菜单"格式"→"图层"或者单击功能区的 图标按钮都能够调出如图 1-20 所示的"图层特性管理器"对话框。

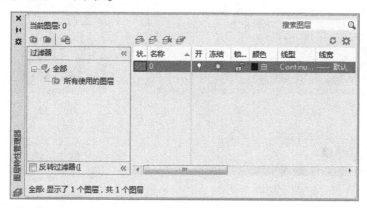

图 1-20　图层特性管理器

　　 四个图标按钮的功能分别是新建图层、在所有视口中都被冻结的新图层视口、删除图层、当前图层。

　　单击图层中的"颜色"图标按钮将调出如图 1-21 所示的"选择颜色"对话框，为图层选择颜色。

　　单击图层中的"线型"图标按钮将调出如图 1-22 所示的"选择线型"对话框，如果当前对话框中没有需要的线型，则单击 加载(L)... 按钮，调出图 1-23 所示的"加载或重载线型"对话框。

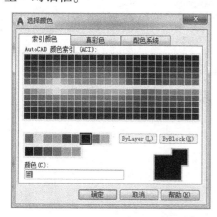

图 1-21　选择颜色

图 1-22　选择线型

　　单击图层中的"线宽"图标按钮将调出如图 1-24 所示的"线宽"对话框。

　　在"图层特性管理器"对话框的图层列表中，选择某一图层后，单击"当前图层"按钮，即可将该层设置为当前图层。

　　在实际绘图时，为了便于操作，主要通过如图 1-25 所示的"图层"面板和如图 1-26 所示的"特性"面板来实现图层切换，这时只需选择要将其设置为当前图层的图层名称即可。

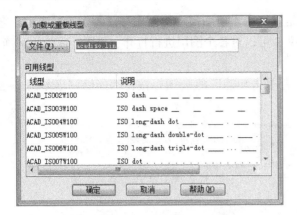

图 1-23　加载线型

图 1-24　选择线宽

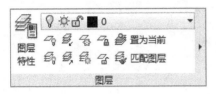

图 1-25　"图层"面板

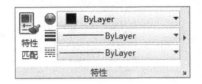

图 1-26　"特性"面板

9. 系统选项设置

输入 options 命令或者选择菜单"工具"→"选项"，调出如图 1-27 所示的"选项"对话框。

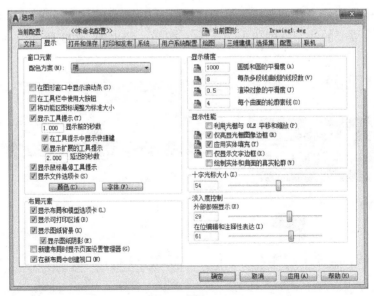

图 1-27　"选项"对话框

在"选项"对话框中可以对"文件""显示""打开和保存""打印和发布""系统""用户系统配置""绘图""三维建模""选择集""配置"等选项卡进行设置。

在"显示"选项卡中有"窗口元素""布局元素""十字光标大小""显示精度""显示性能"等选项组可供选择和调节。

【做中学】

通过练习建立一个新文件，切换工作空间，布局工具栏，设置背景颜色，输入绘图命令，学习本软件的基本操作方法。

绘图步骤

1) 启动 AutoCAD 2018，打开"换热器仪表箱箱面布置图 .dwg"文件，如图 1-28 所示。

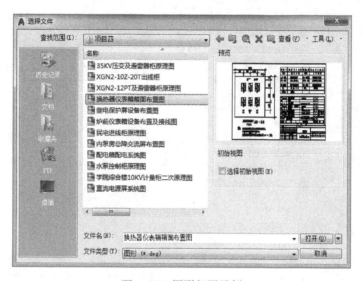

图 1-28　图形打开示例

2) 选择"工具"菜单→"选项"子菜单→"显示"选项，将绘图区域的背景颜色设置为白色。如图 1-29 所示。

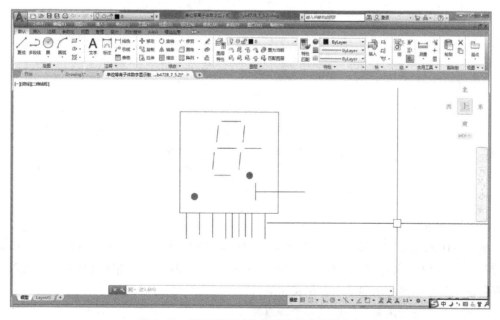

图 1-29　将绘图区域的背景颜色设置为白色

3）单击"文件"菜单，选择"另存为"，打开如图 1-30 所示的对话框。若想将当前文件保存为其他版本软件（如 AutoCAD 2004 软件）也可打开的文件，应该在"文件类型"中选择"AutoCAD 2004/LT2004 图形（*.dwg）"，这样生成的文件用 AutoCAD 2004 以上的任何版本均可打开。

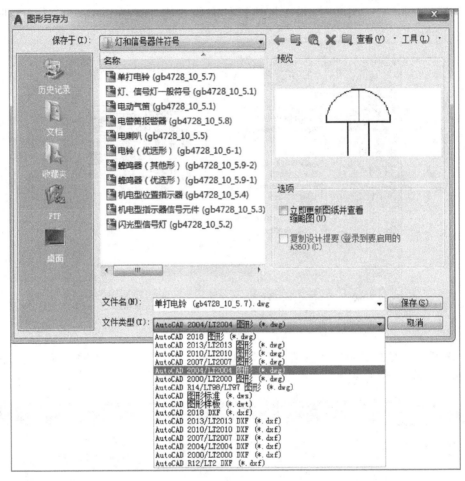

图 1-30 "图形另存为"对话框

任务 1.2　几种常用电气工程图形符号的绘制

【教中学】

1. 绘图菜单及工具栏

AutoCAD 2018 的绘图功能集中在如图 1-31 所示的"绘图"菜单和如图 1-32 所示的"绘图"工具栏中。其中菜单提供了 AutoCAD 中的所有绘图命令，而工具栏提供了大部分的绘图命令，二者提供的功能基本上是相同的。

➢ 直线：通过指定直线的端点来绘制直线。

➢ 构造线：构造线与直线的区别是，直线的长度是有限长的，而构造线的长度是无限长的，通常用于绘制辅助线。

➢ 多段线：多段线是由直线段和圆弧段构成的一个整体，而且本身可以设置线宽属性。

➢ 矩形：通过指定矩形的两个对角点来绘制矩形，矩形实质上是多段线。

➢ 圆弧：系统提供了多种绘制圆弧的方法，默认的是通过依次指定圆弧起点、圆弧第二点和圆弧端点三点来绘制。

➢ 圆：系统提供了多种绘制圆的方法，默认的是通过依次指定圆心和半径的方法绘制。

➢ 云线：云线是由连续圆弧组成的多段线。

➢ 样条曲线：样条曲线是经过或接近一系列给定点的光滑曲线。

➢ 椭圆：系统提供了多种绘制椭圆的方法，默认的是通过指定椭圆一条轴的两个端点和另一条半轴的长度来实现的。

➢ 椭圆弧：绘制非完整的椭圆。

➢ 创建块和插入块：块可以认为是多个对象的集合，还可以在块中定义属性，具体内容在后续章节介绍。

➢ 图案填充：利用指定的图案样式填充指定区域。

➢ 渐变色：利用渐变色填充指定区域。

➢ 面域：将包含封闭区域的对象转换为面域对象。

➢ 表格：制作表格。

➢ 多行文字：书写文字。

图1-31　"绘图"菜单

【提示】将鼠标放在绘图图标按钮上，稍作停留，将提示该图标按钮的功能，如图1-33所示。

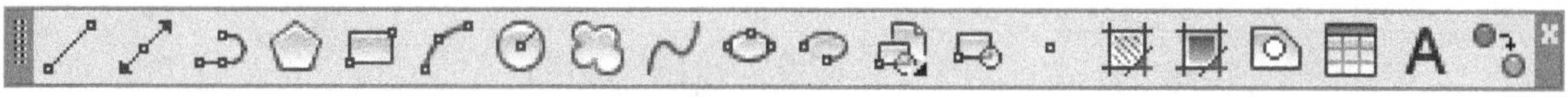

图1-32　"绘图"工具栏

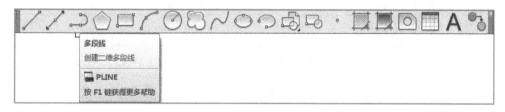

图1-33　工具栏提示

2. 修改菜单及工具栏

AutoCAD的修改功能集中在如图1-34所示"修改"菜单和如图1-35所示"修改"工具栏中。菜单提供了AutoCAD中的所有修改命令，而工具栏提供了大部分的修改命令。修改命令的功能说明见表1-2。

图 1-34 "修改"菜单

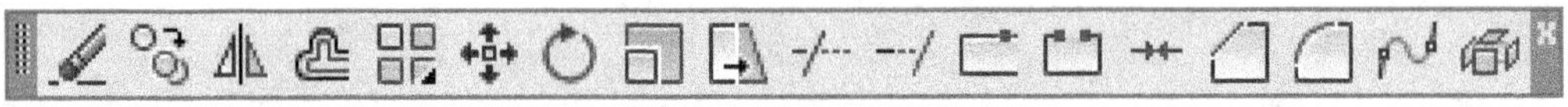

图 1-35 "修改"工具栏

表 1-2 常用修改命令说明

命 令	图 标	功 能 描 述
删除		删除指定对象
复制		从已有的对象中复制出副本,根据指定位移的基点和位移矢量,放置到指定位置
镜像		将图形对象以镜像轴对称复制
偏移		可以对指定的直线、圆弧、多段线及圆等对象作同心偏移复制,创建平行线或等距分布图形
阵列		以矩形或者环形方式复制对象
移动		改变对象位置
旋转		将对象绕基点旋转指定的角度

（续）

命　令	图　标	功　能　描　述
缩放		将图形对象按指定的比例因子相对于基点进行尺寸缩放
拉伸		拉伸指定对象，但保持与其他图形间的连接关系
修剪		沿裁剪边界裁剪指定对象的一部分
延伸		把对象延长使之与边界对象相交
打断于点		把对象从指定的某个点一分为二，总长度保持不变
打断		指定两个点，把对象一分为二，同时去掉两点之间的部分
合并		将对象合并以形成一个完整的对象，例如：合并两条共线的直线为一条；合并位于同一个假想圆上的两段圆弧为一个整体；合并位于同一个假想椭圆上的两段椭圆弧为一个整体
倒角		对两条直线边按指定的距离倒棱角
圆角		在两对象间按指定的半径作圆角
分解		将矩形、正多边形及块、尺寸标注等组合对象分解为单个成员

3. 对象捕捉方式

使用对象捕捉功能可指定对象上的精确位置。例如，使用对象捕捉功能可以绘制到圆心或多段线中点的直线。

（1）自动捕捉模式　当状态栏中的"自动捕捉"按钮为打开状态时，自动捕捉功能打开。不论何时提示输入点，都可以指定对象捕捉。默认情况下，当光标移到对象的捕捉位置时，将显示标记和工具栏提示，如图1-36所示。

可单击"工具"菜单→"绘图设置"→"对象捕捉"选项卡设置对象捕捉的类型，如图1-37所示。也可通过在状态栏的"对象捕捉"按钮上单击右键，然后从弹出的快捷菜单中选择"对象捕捉设置"进行设置。

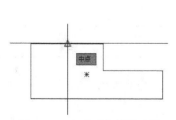

图1-36　自动对象捕捉功能　　　　　　图1-37　设置对象捕捉模式

（2）单一捕捉模式　单一捕捉模式设定的功能在指定一个点后就失效了，要想重新指定点就必须重新设定。单一捕捉模式功能可通过如图 1-38 所示的"对象捕捉"工具栏来设定。"对象捕捉"工具栏中各工具的功能描述见表 1-3。

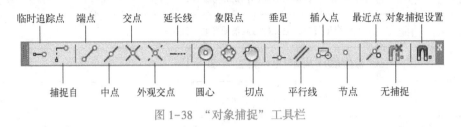

图 1-38　"对象捕捉"工具栏

表 1-3　对象捕捉工具命令

命　令	图　标	功 能 描 述
临时追踪点		创建对象捕捉所使用的临时点
捕捉自		从临时参照点偏移
捕捉到端点		捕捉到线段或圆弧的最近端点
捕捉到中点		捕捉到线段或圆弧等对象的中点
捕捉到交点		捕捉到线段、圆弧、圆等对象之间的交点
捕捉到外观交点		捕捉到两个对象的外观交点
捕捉到延长线		捕捉到直线或圆弧延长线上的点
捕捉到圆心		捕捉到圆或圆弧的圆心
捕捉到象限点		捕捉到圆或圆弧的象限点
捕捉到切点		捕捉到圆或圆弧的切点
捕捉到垂足		捕捉到垂直于线、圆或圆弧上的点
捕捉到平行线		捕捉到与指定线平行的线上的点
捕捉到插入点		捕捉块、图形、文字或属性的插入点
捕捉到节点		捕捉到节点对象
捕捉到最近点		捕捉离拾取点最近的线段、圆、圆弧或点等对象上的点
无捕捉		关闭对象捕捉模式
对象捕捉设置		设置自动捕捉模式

若单击◎按钮，则可以捕捉圆心（也只能捕捉圆心），若下次仍需捕捉圆心，则需要重新单击◎按钮再次捕捉。

【提示】当要求指定点时，可以按下〈Shift〉键或者〈Ctrl〉键，右击打开如图 1-39 所示的"对象捕捉"菜单。选择需要的命令，再把光标移到要捕捉对象的特征点附近，即可捕捉到相应的对象特征点。

4. 坐标系

AutoCAD 的绘图与传统的手工绘图比较，要求更精确，不能凭目测去定位点，必须通过输入坐标的精确数值或通过对象捕捉等方式精确定位点。

（1）世界坐标系和用户坐标系 世界坐标系（WCS）是固定坐标系，在图形中的位置是固定的，用户坐标系（UCS）是可移动坐标系，用户可根据需要重新定义原点和方向。默认情况下，这两个坐标系在新图形中是重合的。在屏幕绘图区坐标系图标的不同显示状态，表明了当前是位于世界坐标系还是用户坐标系下。图 1-40 所示为世界坐标系图标，在原点位置有一矩形框；图 1-41 所示为用户坐标系，原点位置无矩形框。当坐标原点位于绘图区域可见范围内时，在坐标系图标原点处会显示一个十字标记，否则无十字标记，这表示原点不在显示的坐标系所在位置，此时坐标系统显示在绘图区域的左下角。图 1-40 和图 1-41 所示为显示了十字标记的情形，表明坐标原点在坐标系所在位置。

通常在二维视图中，WCS 的 X 轴水平，Y 轴垂直。WCS 的原点为 X 轴和 Y 轴的交点 $(0, 0)$。

【提示】用户可选择"工具"菜单→"新建 UCS"→"原点"命令来定义用户坐标系的原点。可选择"工具"菜单→"新建 UCS"→"世界"命令从用户坐标系返回到世界坐标系。

（2）二维坐标表示方法 AutoCAD 2018 使用的二维坐标表示方法有直角坐标和极坐标，绝对坐标和相对坐标。

1）直角坐标和极坐标。直角坐标的表示方法为"X，Y"，"X"表示该点在 X 方向的长度（在 WCS 下为水平方向，向右为正），"Y"表示该点在 Y 方向的长度（在 WCS 下为垂直方向，向上为正）。

极坐标的表示方法为"L<A"，"L"表示距离参考点的长度，"A"表示与 X 轴正方向的夹角，逆时针方向为角度的正方向。如图 1-42 所示，B 点相对 A 点的坐标为"100<30"。

图 1-40 世界坐标系　　　图 1-41 用户坐标系　　　图 1-42 极坐标系

2）绝对坐标和相对坐标。绝对坐标的坐标值是相对于坐标原点给出的，而相对坐标的坐标值是相对于当前点给出的。

➤ 绝对直角坐标：就是相对于原点（0，0）的直角坐标。例如："100，50"。

➤ 绝对极坐标：就是相对于原点（0，0）的极坐标。例如："100<45"。

> 相对直角坐标和相对极坐标：相对坐标是指相对于某一点的 X 轴和 Y 轴位移，或距离和角度。相对直角坐标表达形式："@X 位移量"，Y 位移量，如 "@20，-30"。相对极坐标中的角度是新点和上一点连线与 X 轴的夹角。相对极坐标表达形式："@长度<角度"，输入角度时，既可以用正角表示，也可以用负角表示。如 "@45<30" 或 "@45<-330"。

在 AutoCAD 2018 中，点的坐标可以使用绝对直角坐标、绝对极坐标、相对直角坐标、相对极坐标四种方法表示。图 1-43 所示是点的坐标表示方法。

> 绝对直角坐标：坐标点为直角坐标系中 x、y 坐标的值，用 "x，y" 表示。如图 1-43 中所示 A、B 两点的直角坐标分别为 $A(77.79，45.26)$、$B(39.38，69.28)$。

> 绝对极坐标：坐标点在坐标系中极径和极角坐标的值，用 "$r<a$" 表示。图 1-43 中所示 A、B 两点的极坐标分别为 $A(90<30)$、$B(80<60)$。

> 相对直角坐标：一个坐标点相对于另一个坐标点在直角坐标系中 x、y 坐标的值，用 "@x，y" 表示。如图 1-43 中所示 B 点相对于 A 点的直角坐标为 B 点的坐标值减去 A 点的坐标值，即 $(@-38.41，24.02)$，A 点相对于 B 点的直角坐标为 A 点的坐标值减去 B 点的坐标值，即 $(@38.41，-24.02)$。

> 相对极坐标：一个坐标点相对于另一个坐标点在极坐标系中极径和极角坐标的值，用 "@$r<a$" 表示。如图 1-43 中所示 B 点相对于 A 点的极坐标为 "@44.78<148"，A 点相对于 B 点的极坐标为 "@44.78<328"。

◉ **提速宝典** 一秒查看点坐标

命令：ID

方法：命令行输入 ID 后，单击要查看的点，在命令行即显示点的 x、y、z 坐标。

5. 夹点操作

（1）什么是夹点 夹点是指选定对象上显示的小方块、矩形和三角形。可以使用夹点拉伸、移动、复制、旋转、缩放和镜像对象，而无须输入任何命令。如图 1-44 所示。

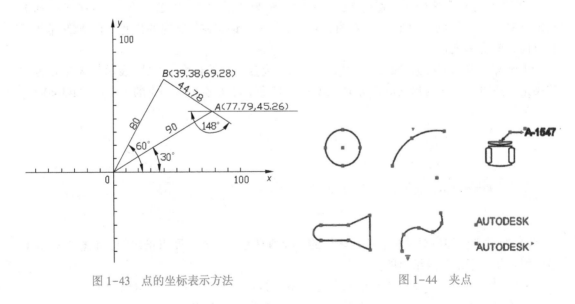

图 1-43 点的坐标表示方法　　　　　　图 1-44 夹点

（2）打开夹点　首先，确保夹点处于打开状态，在绘图区域中单击鼠标右键，打开快捷菜单，然后选择"选项"。在"选项"对话框的"选择集"选项卡中，确保已选中"显示夹点"复选框。如图1-45所示。

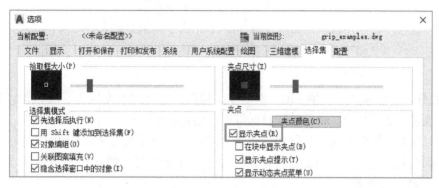

图1-45　打开夹点

（3）使用夹点模式　夹点模式是指在选定夹点时可以使用的编辑选项。默认夹点模式为"拉伸"。选择对象的夹点后，每次按空格键或〈Enter〉键时，下一个模式都将变为活动状态。夹点模式顺序为：拉伸→移动→旋转→缩放→镜像。

注意：复制不是夹点模式，但可以选择作为任何夹点模式中的一个选项。

下面以空格键改变夹点模式为例，循环浏览夹点，也可以用〈Enter〉键，作用相同。

1）绘制一条线段，然后选择它以显示夹点。每个端点处都有一个方形夹点，中点处也有一个方形夹点。

2）选择其中一个端点夹点，它会改变颜色以表示其已被选定。

3）四处移动光标，线段会随着光标的移动而拉伸。在选择一个点之前，拉伸是暂时的。

注意：使用夹点时，可以使用任一常规方法（例如，在图形中单击、输入坐标和使用对象捕捉）来选择点。

4）按空格键。注意，命令提示现在显示处于移动模式下。如图1-46所示。

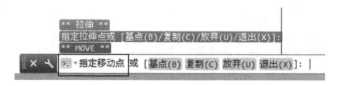

图1-46　夹点移动模式

注意：光标标记在处于移动、旋转或缩放夹点模式下时会进行提示，而在处于拉伸或镜像模式下时并不会进行提示。如图1-47所示。

5）四处移动光标，线段也会随之移动。同样，在指定目标点之前，该操作是暂时的。可以随时按〈Esc〉键退出操作。

6）继续按空格键以循环浏览夹点模式。命令提示会指示当前模式，可以移动光标以确认模式。最后，循环回到拉伸模式。

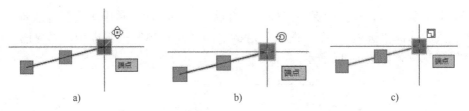

图 1-47 夹点的移动、旋转和缩放模式
a) 移动 b) 旋转 c) 缩放

7）在任一夹点模式下，输入 C，然后按空格键，可创建一个副本。在拉伸、移动、旋转、缩放或镜像之间切换。继续选择目标点即可创建多个副本。

尝试对圆弧、圆和多段线执行相同步骤，以便在各个对象上选择不同的夹点。

【提示】选定夹点后，可以从快捷菜单切换到特定的夹点模式，甚至还可以访问"基点"和"复制"等选项。

（4）更改基点　选择的夹点是当前夹点模式的基点。在任何夹点模式下，都可以使用"基点"选项来更改此设置。

1）选择之前绘制的线段。

2）选择其中一个端点夹点。

3）按空格键，直到处于旋转模式下。如图 1-48 所示。

注意：该直线将围绕选定的端点夹点旋转，如果想围绕中点旋转，可以按如下操作进行。

4）输入 B，然后按空格键以选择"基点"选项。

5）选择中点夹点作为新基点。如图 1-49 所示。

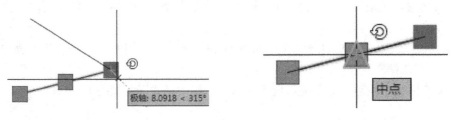

图 1-48 夹点旋转模式　　　　　　图 1-49 更改旋转基点

注意：可能需要按〈F3〉键，以关闭对象捕捉。

6）旋转线段。

（5）多个副本　使用夹点时，可以保持夹点模式并创建对象的多个副本。以旋转为例。

1）绘制一条水平线。

2）选择草图线。

3）选择其中一个端点夹点。

4）按空格键，直到旋转夹点模式处于活动状态。

5）输入 C，然后按空格键以在旋转对象时复制该对象。

6）输入"30"作为第一个旋转角度。

7）输入"20"作为下一个角度。

注意，该线段是从原始线（而不是上一个副本）旋转和复制的。

8）输入 "-25" 作为下一个角度。

9）按〈Esc〉键可退出。如图 1-50 所示。

（6）使用夹点复制时使用旋转捕捉　当需要多次复制对象，并且每个连续对象之间的旋转角度相同时，可以按如下步骤操作。

注意：对于所举示例，禁用正交模式（〈F8〉）和对象捕捉（〈F3〉）。

1）绘制一条水平线。

2）选择草图线。

3）选择其中一个端点夹点。

4）按空格键，直到旋转夹点模式处于活动状态。

5）输入 C，然后按空格键以在旋转对象时复制该对象。

6）输入 "30" 作为第一个旋转角度。这将成为每个副本的旋转捕捉角度。

7）按住〈Ctrl〉键并拖动光标，以创建更多副本。拖动光标时，光标将捕捉到 30°角。

8）按住〈Ctrl〉键并继续单击，直到创建多条以 30°为增量从原始线旋转的线段。如图 1-51 所示。

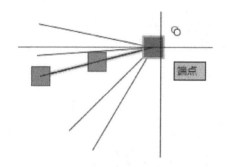

图 1-50　创建多个副本

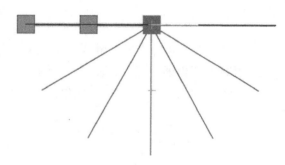

图 1-51　夹点复制旋转捕捉

注意：尝试按〈Ctrl〉键并创建多个副本、松开〈Ctrl〉键并创建多个副本，最后再次按〈Ctrl〉键以创建多个副本。按〈Ctrl〉键将捕捉到在按〈Ctrl〉键之前所用的角度。

（7）使用夹点复制时使用距离捕捉　与旋转捕捉示例一样，可以在使用夹点进行复制时将距离用作移动捕捉。

1）绘制 0.5×0.5 的矩形。

2）选择矩形，然后选择右下角的夹点。

3）按空格键切换到移动夹点模式。

4）输入 C 并按空格键以复制对象，而不是移动对象。

5）输入 "1，0" 以将对象复制超过 1 个单位。

6）按住〈Ctrl〉键的同时创建其余副本。

创建的前一个副本定义了按住〈Ctrl〉时所创建的任何后续副本的捕捉距离。

7）继续按〈Ctrl〉键并单击，以使用捕捉距离同时创建更多副本。如图 1-52 所示。

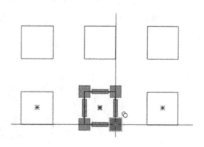

图 1-52　夹点复制距离捕捉

8）如果不希望对其他副本使用捕捉距离，可释放〈Ctrl〉键。

（8）夹点菜单　只需将光标悬停在夹点上，而不必像上文的练习中那样选择夹点，将显示一个菜单，其中包含与夹点关联的操作，根据选定对象和夹点，菜单选项将有所不同。并非所有夹点都具有夹点菜单，带有菜单的夹点称为"多功能夹点"。

1）绘制至少包含三条线段的多段线。

2）选择多段线。

3）将光标悬停在其中一个端点夹点上，以查看夹点菜单。如图 1-53 所示。

4）将光标悬停在线段的其中一个中点夹点上，以查看其夹点菜单。如图 1-54 所示。

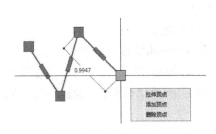

图 1-53　多段线端点的夹点菜单

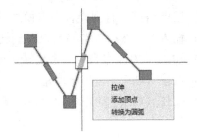

图 1-54　多段线中点的夹点菜单

5）单击菜单选项并尝试使用它。按〈Esc〉键可退出。

6）使用圆弧再试一次。如图 1-55 所示。

7）最后，使用图案填充对象。如图 1-56 所示。

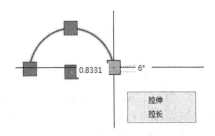

图 1-55　圆弧端点的夹点菜单

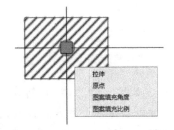

图 1-56　图案填充对象的夹点菜单

注意：如果选择夹点，可以按〈Ctrl〉键以循环浏览夹点菜单选项。如图 1-57 所示。

（9）拉伸时选择多个夹点　有时，可能希望一次选择多个夹点。假定要从两个或多个夹点拉伸，而不影响这些夹点之间的几何图形，操作步骤如下。

1）绘制多段线，如图 1-58 所示。

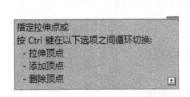

图 1-57　夹点菜单

图 1-58　多段线

2）选择多段线。

3）在选择任何夹点之前，先按住〈Shift〉键。

4）按住〈Shift〉键的同时，选择夹点，如图1-59所示。

5）选定夹点后，松开〈Shift〉键。

6）拖动其中一个夹点，并注意在其他线段拉伸时夹点之间的线段如何保持不变。如图1-60所示。

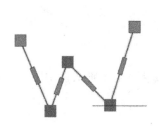

图1-59　选择多个夹点

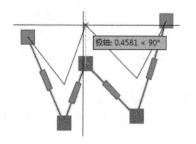

图1-60　多夹点同时拉伸

注意： 不支持使用窗口选择多个夹点。

【做中学】

1. 绘制电容器图形符号

电容器图形符号均由直线组成。直线是AutoCAD图形中最基本和最常用的对象。若要绘制直线，可单击"直线"工具按钮。如图1-61所示。也可以在命令行中输入LINE或L，然后按〈Enter〉键或空格键。注意在命令行中对于输入点位置的提示。如图1-62所示。

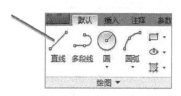

图1-61　直线工具

图1-62　直线命令

若要指定该直线的起点，可以输入坐标"0，0"，最好将模型的一个角点定位在0，0（称为原点）。如图1-63所示。若要定位其他点，可以在绘图区域中指定其他 x，y 坐标位置。

指定了下一个点后，LINE命令将自己自动重复，不断提示输入其他的点，按〈Enter〉键或空格键结束序列。

电容器图形符号绘制步骤如下：

1）单击"绘图"面板中的"直线"命令按钮 ，绘制直线，长度为10，效果如图1-64所示。同时体验用不同方法画一条长度为10的直线的方法。

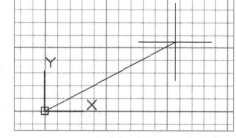

图1-63　起点为原点的直线

2）单击"绘图"面板中的"直线"命令按钮 ，再单击"捕捉到中点"命令按钮 ，绘制起点在如图1-65所示中点的水平直线，长度为8，效果如图1-66所示。

3）单击"修改"面板中的"镜像"命令按钮⚠️，以图 1-67 所示铅垂线上的两个端点为镜像基准点，将图向右对称复制一份，效果如图 1-68 所示。

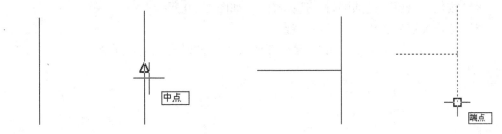

图 1-64　绘制直线　　　图 1-65　捕捉中点　　　图 1-66　绘制水平直线　　　图 1-67　镜像基准点

单击"修改"面板中的"移动"命令按钮✛，按图 1-69 所示选中图形，以端点为移动基点向右移动，移动距离为 2.5，效果如图 1-70 所示。

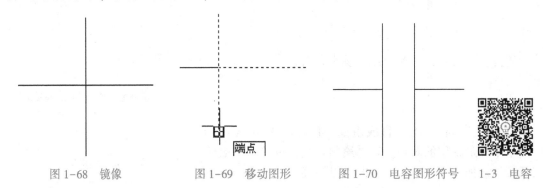

图 1-68　镜像　　　　图 1-69　移动图形　　　图 1-70　电容图形符号　　1-3　电容

电容器图形符号绘制时除了使用了"绘图"面板中的各种命令，还要熟练掌握"修改"菜单、工具栏及面板中各种图形对象编辑操作功能。

2. 绘制避雷器图形符号

绘制步骤如下：

1）单击"绘图"面板中的"矩形"命令按钮▭，按命令行的提示绘制矩形并且进行操作。

```
命令：_rectang
指定第一个角点或 [倒角(C)/标高(E)/圆角(F)/厚度(T)/宽度(W)]：
指定另一个角点或 [面积(A)/尺寸(D)/旋转(R)]：@5,10
```

效果如图 1-71 所示。矩形的长为 5、高为 10。

2）单击"绘图"面板中的"直线"命令按钮✏，绘制起点在如图 1-72 所示的中点，垂直向上的直线，长度为 8，效果如图 1-73 所示。

3）单击"修改"面板中的复制按钮🗐，将长度为 8 的直线以图 1-74 所示端点为基点，向下复制一份，效果如图 1-75 所示。

4）单击"绘图"面板中的"多段线"命令按钮↵，按命令行的提示进行操作，绘制箭头。

图 1-71
绘制矩形

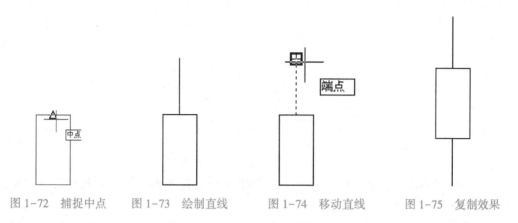

图 1-72 捕捉中点　　图 1-73 绘制直线　　图 1-74 移动直线　　图 1-75 复制效果

```
命令:_pline
指定起点:于(捕捉如图 1-76 所示的端点)
当前线宽为 0.0000
指定下一个点或 [圆弧(A)/半宽(H)/长度(L)/放弃(U)/宽度(W)]:@0,3
指定下一点或 [圆弧(A)/闭合(C)/半宽(H)/长度(L)/放弃(U)/宽度(W)]:w
指定起点宽度<0.0000> 2
指定端点宽度<2.0000> 0
指定下一点或 [圆弧(A)/闭合(C)/半宽(H)/长度(L)/放弃(U)/宽度(W)]:@0,3
指定下一点或 [圆弧(A)/闭合(C)/半宽(H)/长度(L)/放弃(U)/宽度(W)]:
```

效果如图 1-77 所示。以上带有背景颜色的文字是在命令窗口中复制获得，当查看自己的绘制步骤等信息时均可在命令窗口中查阅。

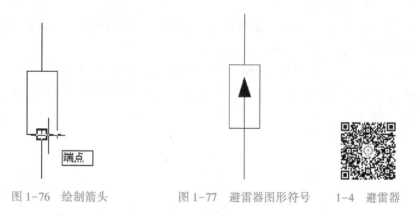

图 1-76 绘制箭头　　图 1-77 避雷器图形符号　　1-4 避雷器

3. 绘制绝缘子图形符号

绘制步骤如下：

1）用"绘图"面板中的"直线"命令 ╱ 和"圆弧"命令 ╱ 绘制如图 1-78 所示的图形。直线长度为 180。

2）单击"绘图"面板中的"矩形"命令按钮 ▭，绘制 90×110 矩形，效果如图 1-79 所示。

3）单击"修改"面板中的"移动"命令按钮 ✛，把矩形以其下边中点为移动基准点，以直线的中点为移动目标点进行移动，效果如图 1-80 所示。

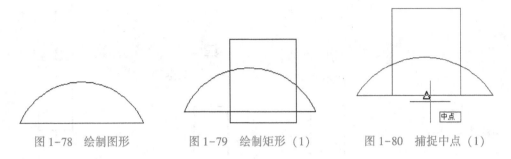

图 1-78 绘制图形   图 1-79 绘制矩形（1）   图 1-80 捕捉中点（1）

4）单击"**修改**"面板中的"**移动**"命令按钮 ✛，把矩形向下垂直移动，移动距离为 20，效果如图 1-81 所示。

5）单击"**绘图**"面板中的"**面域**"命令按钮 ◙，将两图形选中，按〈Enter〉键，再单击"**实体编辑**"工具栏中的"**并集**"命令按钮 ⓪，将两图形选中，再次按〈Enter〉键。效果如图 1-82 所示。

6）单击"**绘图**"面板中的"**直线**"命令按钮 ✎，绘制如图 1-83 所示的两条直线。

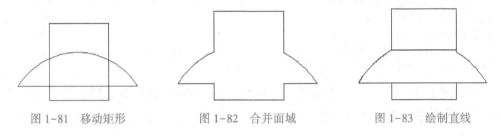

图 1-81 移动矩形   图 1-82 合并面域   图 1-83 绘制直线

7）单击"**绘图**"面板中的"**矩形**"命令按钮 ▢，绘制以图 1-84 所示中点为起点的 20×（-100）矩形，效果如图 1-85 所示。

8）单击"**修改**"面板中的"**分解**"命令按钮，选中该矩形将其分解。

9）单击"**修改**"面板中的"**删除**"命令按钮 ✐，删除分解后矩形左侧边上的高，效果如图 1-86 所示。

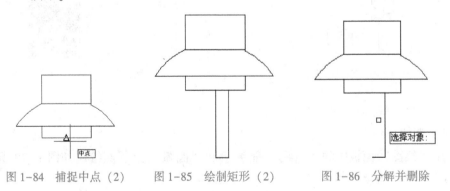

图 1-84 捕捉中点（2）   图 1-85 绘制矩形（2）   图 1-86 分解并删除

10）单击"**修改**"面板中的"**镜像**"命令按钮 ⚏，将分解后的图形以图 1-87 所示端点为镜像点对称复制一份，效果如图 1-88 所示。

4. 绘制三相变压器图形符号

绘制步骤如下：

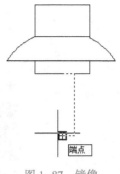

图 1-87　镜像

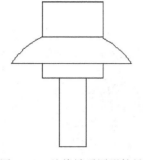

图 1-88　绝缘端子图形符号

1-5　绝缘端子

1）单击"绘图"面板中的"圆"命令按钮 ◎，绘制半径为 10 的圆，效果如图 1-89 所示。

2）在命令行输入 ARRAYCLASSIC 命令，屏幕出现如图 1-90 所示的"阵列"对话框，设置好各项数值，以图 1-91 所示的点为阵列中心，把圆环形阵列三个，效果如图 1-92 所示（或者单击"修改"面板中的"阵列"命令按钮 品，也可以完成阵列绘制）。

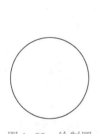

图 1-89　绘制圆

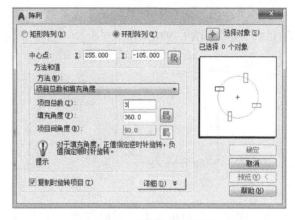

图 1-90　"阵列"对话框

3）单击"绘图"面板中的"直线"命令按钮 ／，再单击"对象捕捉"面板中的"捕捉到象限点"命令按钮 ◈，绘制起点在如图 1-93 所示圆的上象限点，垂直向上的直线，长度为 8，效果如图 1-94 所示。

图 1-91　确定阵列中心

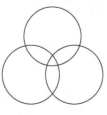

图 1-92　阵列

图 1-93　捕捉象限点

4）单击"修改"面板中的"复制"命令按钮 ⊙，以直线段上端点为复制基准点，以下边两圆的下象限点为复制目标点，如图 1-95 所示。把直线段向下复制两份，具体位置效果如图 1-96 所示。

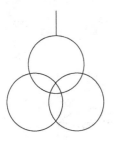  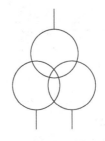

图 1-94　绘制直线段　　图 1-95　复制直线段　　图 1-96　三相变压器图形符号　　1-6　三相变压器

5）单击"块"面板中的"创建"命令按钮，将三相变压器保存到指定位置。

5. 绘制风力发电站图形符号

绘制步骤如下：

1）单击"绘图"面板中的"正多边形"命令按钮，绘制边长为 20 的正方形，效果如图 1-97 所示。

2）单击"绘图"面板中的"直线"命令按钮，以正方形上边和下边中点为起点绘制交叉直线，效果如图 1-98 所示。

 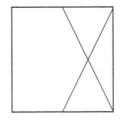

图 1-97　正方形　　　　　　　　　图 1-98　交叉直线段

3）在"图层"面板中单击"图层特性"命令按钮，新建"图层 1"和"图层 2"，并单击"置为当前"按钮，将"图层 1"颜色设置为"红"，"图层 2"颜色设置为"蓝"，如图 1-99 所示。单击"应用"→"确定"按钮后退出。

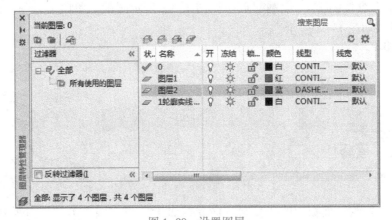

图 1-99　设置图层

4）单击"图案填充"命令按钮 ，按命令行提示，给交叉直线与上下直线间的面域填充红色直线。或在命令行输入 H，然后选择 T，出现如图 1-100 所示对话框，进行相应设置。

命令：_bhatch（屏幕出现如图 1-100 所示的"图案填充和渐变色"对话框，单击对话框右边的"添加：拾取点"按钮 ，在如图 1-102 所示两交叉直线所围成的面域内单击，此图案是闭合区域）
拾取内部点或［选择对象(S)/删除边界(B)］：正在选择所有对象----------
正在选择所有可见对象----------
正在分析所有数据-----------
正在分析内部孤岛-----------（屏幕再次出现如图 1-100 所示的"图案填充和渐变色"对话框，单击"图案"右边的□按钮，在如图 1-101 所示的"填充图案选项板"对话框中单击 ISO 选项卡，选择图案"ISO04W100"）

图 1-100 "图案填充和渐变色"对话框

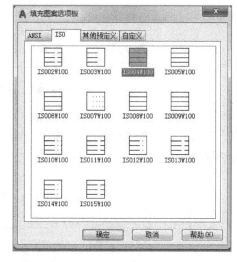

图 1-101 "填充图案选项板"对话框

5）单击"确定"按钮，回到"图案填充和渐变色"对话框中，选择合适的图案比例，单击"确定"按钮即可，效果如图 1-103 所示。

打开"图层特性管理器"对话框，将"图层 2"置为当前，用蓝色线条绘制如图 1-104 所示的虚线，即为风力发电站。

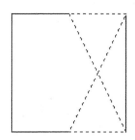

图 1-102 选择边界

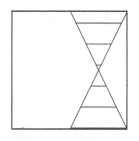

图 1-103 图案填充

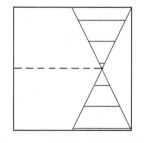

图 1-104 风力发电站图形符号

1-7 风力发电站

技巧宝典 *填充比例不对怎么办*

方法：修改"图案填充"面板中的"填充比例" 即可。

6. 绘制发光二极管图形符号

绘制步骤如下：

1）单击"绘图"面板中的"直线"命令按钮 ∕，绘制水平直线，长度为10，效果如图 1-105 所示。

2）单击"绘图"面板中的"多段线"命令按钮 ⤵，以距离直线右端点为 2 的水平位置为起点，绘制角度为 150°的直线段，长度为 7，如图 1-106 所示。再向下引垂直线与水平直线相交，效果如图 1-107 所示。

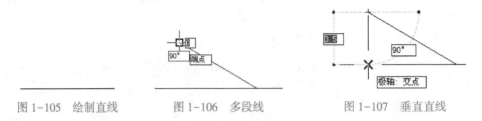

图 1-105　绘制直线　　　　　图 1-106　多段线　　　　　图 1-107　垂直直线

3）单击"修改"面板中的"镜像"命令按钮 ⚎，将多段线向下对称复制一份，效果如图 1-108 所示。

4）单击"绘图"面板中的"直线"命令按钮 ∕，绘制过图 1-109 所示交点的垂直直线，效果如图 1-110 所示。

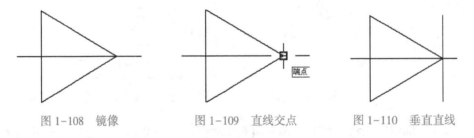

图 1-108　镜像　　　　　图 1-109　直线交点　　　　　图 1-110　垂直直线

5）单击"绘图"面板中的"多段线"命令按钮 ⤵，按命令行的提示进行操作。

```
命令：_pline
指定起点：(如图 1-111 所示)
当前线宽为 0.0000
指定下一个点或 [圆弧(A)/半宽(H)/长度(L)/放弃(U)/宽度(W)]：@0,2
指定下一点或 [圆弧(A)/闭合(C)/半宽(H)/长度(L)/放弃(U)/宽度(W)]：w
指定起点宽度<0.0000>：0.75
指定端点宽度<0.7500>：0
指定下一点或 [圆弧(A)/闭合(C)/半宽(H)/长度(L)/放弃(U)/宽度(W)]：@0,2
指定下一点或 [圆弧(A)/闭合(C)/半宽(H)/长度(L)/放弃(U)/宽度(W)]：
```

效果如图 1-112 所示。

6）单击"修改"面板中的"旋转"命令按钮 ↻，以箭头低端为旋转基点进行旋转，旋转角度为-45°，效果如图 1-113 所示。

7）单击"修改"面板中的"复制"命令按钮，将箭头向左下方复制一份，效果如图 1-114 所示。

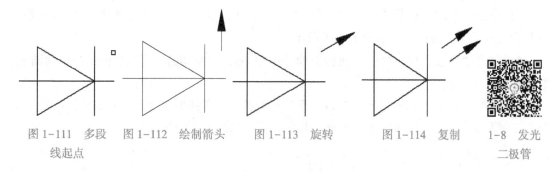

图1-111　多段　图1-112　绘制箭头　图1-113　旋转　图1-114　复制　1-8　发光
线起点　　　　　　　　　　　　　　　　　　　　　　　　　　　　　　　二极管

7. 绘制圆感应同步器图形符号

绘制步骤如下：

1）单击"绘图"面板中的"圆"命令按钮◎，绘制半径为10的圆，如图1-115所示。

2）单击"绘图"面板中的"直线"命令按钮╱，绘制起点在圆的上象限点，长度为10，垂直向上的直线，效果如图1-116所示。

3）单击"修改"面板中的"复制"命令按钮❀，把直线向两端各复制一份，复制距离为5，再将原直线删除，效果如图1-117所示。

图1-115　绘制圆　　　　　图1-116　绘制直线　　　　　图1-117　复制

4）单击"修改"面板中的"延伸"命令按钮─╱，将直线延伸到圆上，如图1-118所示。

5）单击"修改"面板中的"偏移"命令按钮▱，将圆向内偏移，偏移距离为2，效果如图1-119所示。

6）单击"修改"面板中的"旋转"命令按钮〇，以圆心为旋转基准点，将两条直线复制旋转90°，效果如图1-120所示。

图1-118　延伸（1）　　　　图1-119　偏移　　　　图1-120　复制旋转

7) 单击"修改"面板中的"镜像"命令按钮 ◢▦，以圆心为基点，将旋转后的两条直线对称向右复制一份，效果如图 1-121 所示。

8) 单击"修改"面板中的"延伸"命令按钮 --/，将左端的两直线延伸到内侧的圆上，效果如图 1-122 所示。

9) 单击"绘图"面板中的"多行文字"命令按钮，关闭对象捕捉，在圆内进行文字编写。文字高度为 4；字体为宋体；颜色为蓝色。效果如图 1-123 所示。

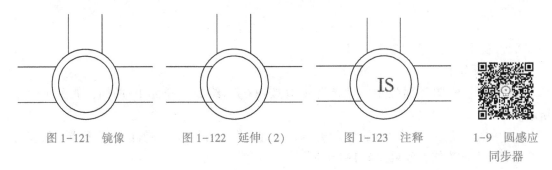

图 1-121　镜像　　　　图 1-122　延伸 (2)　　　　图 1-123　注释　　　　1-9　圆感应同步器

🔘 **技巧宝典**　WBLOCK 与 BLOCK 命令的区别（外部块与内部块操作命令的区别）

使用"WBLOCK"命令将图形信息保存到单独的图形文件中，随后便可以将这些信息插入到其他图形中。在命令提示下输入 wblock，将显示如图 1-124 所示"写块"对话框，从中可以指定新图形文件的名称和路径，确定后生成一个单独的图形文件，该文件既可以在当前窗口或其他窗口调用，也可以在下次打开 CAD 时调用。

在命令提示下输入 block 将显示如图 1-125 所示"块定义"对话框，BLOCK 命令只能在当前的 DWG 图形中复制粘贴使用。

图 1-124　"写块"对话框

图 1-125　"块定义"对话框

知道了两种块操作命令的使用，读者可将上文已经绘制的电气图形符号都用 WBLOCK 命令生成外部块，保存到一个文件夹中，以备后续绘图中直接调用。

任务 1.3　AutoCAD 文字、表格、标注样式的设定与绘制

【教中学】

1. 文字对象

文字对象是 AutoCAD 图形中很重要的图形元素，是电气工程制图中不可缺少的组成部分。在一个完整的图样中，通常都包含一些文字注释来标注图样中的一些非图形信息。例如，电气工程图形中的技术要求、装配说明，以及电气工程制图中的材料说明、施工要求等。

（1）设置文字样式

1）单击"格式"工具栏中的"文字样式"命令按钮 **A**，出现如图 1-126 所示的对话框。

2）单击对话框中的"新建"按钮 新建(N)... ，新建自己需要的文字样式，出现如图 1-127 所示的对话框。

图 1-126　文字样式

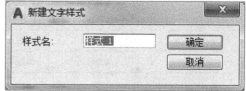

图 1-127　新建文字样式

3）新建样式名，单击"确定"按钮，出现如图 1-128 所示的对话框。

图 1-128　文字样式

4）取消选择"使用大字体"复选框，设置字体名和字体高度，如果有需要的话，继续设置字体效果。完成后单击"应用"按钮，再单击"关闭"按钮，则文字样式设置成功。

（2）单行文字 用单行文字可以创建一行或多行文字，每行文字都是独立的对象，可对其进行重新定位、调整格式或进行其他修改。输入单行文字时命令行显示如下信息。

> 命令：TEXT
> 当前文字样式："STANDARD"文字高度： 7.799 注释性:否 对正:左
> 指定文字的起点或［对正(J)/样式(S)］：
> 指定高度<7.799>：5
> 指定文字的旋转角度<0.0>：

在设计绘图中，有时候需要一些特殊的字符。例如，在文字上加上画线或者下画线，标注角度的符号（°），±、Φ等符号。这些符号不能直接从键盘上输入，因此 AutoCAD 提供了相应的控制符号。AutoCAD 中的控制符号由两个百分号（%%）以及加在后面的一个字符构成，常用的控制符号见表 1-4。

表 1-4 AutoCAD 2018 常用标注控制符号

序 号	控制符号	功 能
1	%%O	打开或关闭文字上画线
2	%%U	打开或关闭文字下画线
3	%%D	标注角度符号（°）
4	%%P	标注正负公差符号（±）
5	%%C	标注直径符号（Φ）

🔧 **技巧宝典** CAD 如何创建跟随文字

方法：以跟随圆弧形为例，命令行输入 ARCTEXT→选择圆弧→输入文字→单击 OK 按钮即可。分别如图 1-129a、b 所示。

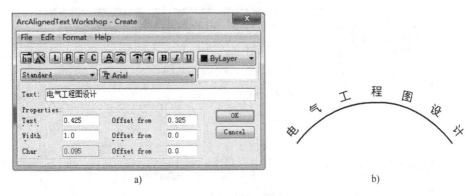

a)   b)

图 1-129 创建跟随文字

（3）多行文字 多行文字的各行文字可作为一个整体处理。在工程制图中，常使用多行文字功能创建较为复杂的文字说明，如图样的技术要求等。输入多行文字时命令行显示如下信息。

命令：_mtext 当前文字样式："Standard" 文字高度：2.5 注释性：否
指定第一角点：
指定对角点或 [高度(H)/对正(J)/行距(L)/旋转(R)/样式(S)/宽度(W)/栏(C)]：

当在绘图区指定文字对角点（即输入文字区域）后，显示如图1-130所示"文字编辑器"窗口。

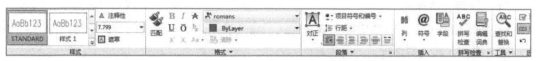

图 1-130 文字编辑器

在"文字编辑器"窗口中，有很多工具和WORD等文字处理软件的工具比较类似，下面只对AutoCAD中相对于其他文字处理软件比较特殊的部分做简单介绍。

1）堆叠 ，创建堆叠文字。在使用时，需要分别输入分子和分母，其间用/、#或者^符号分开，然后输入文字即可。创建堆叠文字的效果如图1-131所示。

2）@·符号。在设计绘图中，有时候需要的一些特殊字符可以从其下拉菜单中选择，如图1-132所示，不常见的字符选择"其他…"后会弹出"字符映射表"，再选择相应的字符。

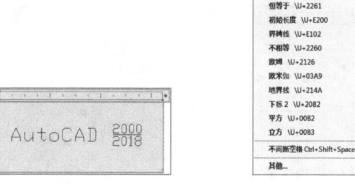

度数 %%d	
正/负 %%p	
直径 %%c	
几乎相等 \U+2248	
角度 \U+2220	
边界线 \U+E100	
中心线 \U+2104	
差值 \U+0394	
电相角 \U+0278	
流线 \U+E101	
恒等于 \U+2261	
初始长度 \U+E200	
界碑线 \U+E102	
不相等 \U+2260	
欧姆 \U+2126	
欧米伽 \U+03A9	
地界线 \U+214A	
下标 2 \U+2082	
平方 \U+00B2	
立方 \U+00B3	
不间断空格 Ctrl+Shift+Space	
其他…	

图 1-131 堆叠　　　　　　　　　　　　图 1-132 符号

⊙ 技巧宝典

若要输入菜单中没有的特殊字符，也可先在WORD文档中选中该字符后复制，然后粘贴到AutoCAD中。

⊙ 技巧宝典　图样中的文字变成了"???"怎么办

原因：可能是因为在用户的计算机中没有图样上应用的文字样式字体。

方法：单击变成问号的文字，查看文字样式，打开文字样式管理器，将此文字样式原来应用的字体修改成用户计算机上存在的字体即可。

2. 表格对象

在 AutoCAD 2018 中，使用表格功能可以创建不同类型的表格，还可以在其他软件中复制表格，以简化制图操作。

（1）设置表格样式

1）单击"样式"工具栏中的"表格样式"命令按钮 ，设置表格样式，出现如图 1-133 所示的"表格样式"对话框。

2）单击对话框右侧的"新建"按钮，出现如图 1-134 所示的"创建新的表格样式"对话框。

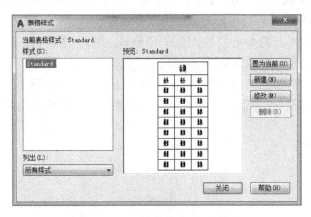

图 1-133 "表格样式"对话框　　　　　　　图 1-134 "创建新的表格样式"对话框

3）确定新样式名，单击"继续"按钮。出现如图 1-135 所示的"新建表格样式"对话框。

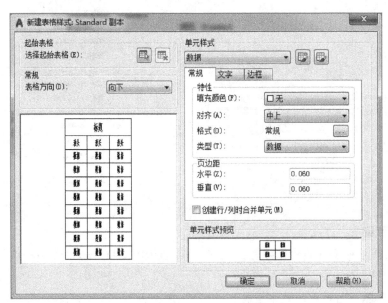

图 1-135 "新建表格样式"对话框

　4）根据自己的需要，依次设置"数据""列标题"和"标题"各选项下的各项具体内容。

　5）设置完成后单击"确定"按钮，将设置的结果置为当前后，再单击"关闭"按钮，即完成了设置表格样式的所有程序。

（2）创建表格　单击"注释"工具栏中的 图标按钮，打开"插入表格"对话框，如图1-136所示。下面简单介绍"插入表格"对话框的一些选项。

图 1-136　插入表格

➢ 表格样式：可以选择 standard 样式或者其他已经创建的样式，也可以通过右边的按钮 启动表格样式。

➢ 插入选项：有"从空表格开始""自数据链接""自图形中的对象数据（数据提取）"三个选项。

➢ 插入方式：有"指定插入点"和"指定窗口"两个选项。"指定插入点"需要设置下面的"列数""列宽""数据行数""行高"四个数据确定表格的大小；"指定窗口"在"列数"和"列宽"中只能选一个，在"数据行数"和"行高"中也只能选一个，其他两个选项需要在绘图窗口上拖动夹点确定表格的大小。

➢ 设置单元样式：可以设置第一行、第二行和其他行的单元样式。

　表格创建完成后，用户可以单击该表格上的任意网格线以选中该表格，然后通过表格夹点来修改表格，如图1-137所示。

　更改表格的高度或宽度时，只有与所选夹点相邻的行或列将会更改，表格的高度或宽度保持不变。根据正在编辑的行或列的大小按比例更改表格的大小，可在使用列夹点时按住〈Ctrl〉键，如图1-138所示。

　【提示】表格中的数据需要计算时，可以调出计算器。

　🔘 **提速宝典**　一秒打开计算器

　命令：QC

快捷键:〈Ctrl+8〉

方法:命令行输入 QC 或使用快捷键〈Ctrl+8〉都可以快速调出计算器。

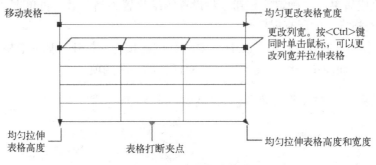

图 1-137　表格夹点修改

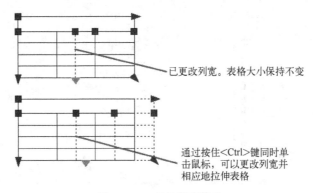

图 1-138　表格宽度修改

3. 图形的尺寸标注

尺寸标注是绘图设计工作中的一项重要内容,因为绘制图形的根本目的是反映对象的形状,而图形中各个对象的真实大小和相互位置只有经过尺寸标注后才能确定。AutoCAD 2018 包含了一套完整的尺寸标注命令和实用程序,用户使用它们足以完成图样中要求的尺寸标注。

(1) 设置标注样式

1) 单击"样式"工具栏中的"设置样式"命令按钮 ![icon]，设置标注样式,出现如图 1-139 所示的"标注样式管理器"对话框。

2) 单击右侧的"新建"按钮,出现如图 1-140 所示的"创建新标注样式"对话框。

3) 确定新的样式名称,单击"继续"按钮,弹出如图 1-141 所示的"新建标注样式:样式一"对话框。

4) 根据需要,依次设置"线""符号和箭头""文字"等选项卡下的各项具体数据。

5) 设置完成后单击"确定"按钮,将设置的结果"置为当前"后,再单击"关闭"按钮,即完成了设置标注样式的所有程序,就可以开始进行所需要的标注。

(2) 尺寸标注　在 AutoCAD 2018 中,"尺寸标注"工具栏如图 1-142 所示。基本的标注类型包括:线性标注、径向标注、角度标注、坐标标注、弧长标注等。图形尺寸以 mm 为默认单位时,不用标注尺寸单位。如果是其他单位则必须标注单位,如 m、cm 等。

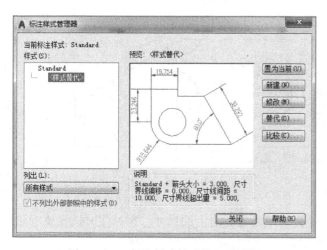

图 1-139　"标注样式管理器"对话框

图 1-140　"创建新标注样式"对话框

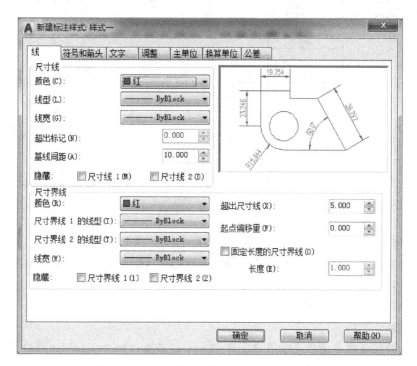

图 1-141　"新建标注样式：样式一"对话框

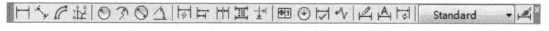

图 1-142　"尺寸标注"工具栏

　　在工程绘图中，一个完整的尺寸标注应由标注数值、尺寸线、尺寸界线、尺寸线的端点符号及起点等组成。标注数值：表明图形的实际测量值；尺寸线：表明标注的范围；尺寸界线：确定标注范围界限的线条；尺寸线的端点符号：在尺寸线和尺寸界线之间的标记符号。尺寸标注的组成如图 1-143 所示。

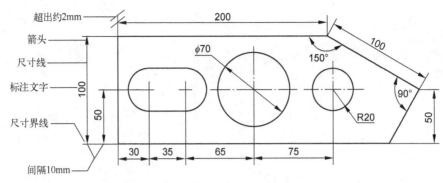

图 1-143 尺寸标注组成

1）线性标注。可以标注所选对象水平方向或竖直方向上的尺寸。在标注时选择要标注线条的两个端点，线性标注如图 1-144 所示。

2）对齐标注。对齐标注中尺寸线和所选对象平行对齐。在标注时，选择要标注线条的两个端点，对齐标注如图 1-145 所示。

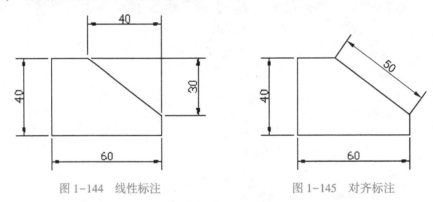

图 1-144 线性标注　　　　　　　　　　　　图 1-145 对齐标注

3）弧长标注。弧长标注可以标注圆弧的弧线长度。在标注弧长的时候，选择所要标注的弧线后拖动光标确定尺寸数值的位置。弧长标注时尺寸数值前有弧长的标记符号，弧长标注如图 1-146 所示。

　◎ **提速宝典**　一秒修改弧长

命令：LEN

可将原来的弧长改变为想要的长度，根据命令提示操作即可。如图 1-147 所示。

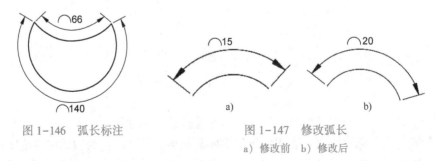

图 1-146 弧长标注　　　　　　　　图 1-147 修改弧长

　　　　　　　　　　　　　　　　　　　　a）修改前　b）修改后

4）基线标注。基线标注是指自同一基线的多个标注。在创建基线标注之前，必须先创建线性、对齐或角度标注。

5）连续标注。连续标注是指首尾相连的多个标注。在创建连续标注之前，必须先创建线性、对齐或角度标注。

6）直径标注。直径标注可以标注圆或者圆弧的直径。在标注直径的时候，先选择所要标注的圆或者圆弧，然后拖动光标确定尺寸数值的位置。尺寸数值可以在圆内部也可以在圆外部，可以水平显示也可以与尺寸线平行对齐。直径标注如图 1-148 所示。

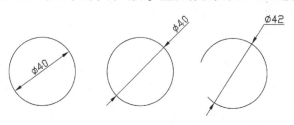

图 1-148　直径标注

🔘 **技巧宝典**　在已有标注上添加直径符号

　　方法：双击已有标注，再右键单击标注文字，在出现的快捷菜单中选择"符号"→"直径"即可。

7）半径标注。半径标注可以标注圆半径和圆弧的半径。在标注半径的时候，先选择所要标注的圆或者圆弧，然后拖动光标确定尺寸数值的位置。尺寸数值可以标在圆内部，也可以标在圆外部，可以水平显示，也可以与尺寸线平行对齐。半径标注如图 1-149 所示。

8）折弯标注。折弯标注可以标注直径比较大的圆或者圆弧。启动折弯标注时，先选择圆或者圆弧，然后指定折弯中心位置，再指定尺寸数值位置，如图 1-150 所示。

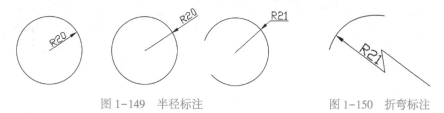

图 1-149　半径标注　　　　　　　　　图 1-150　折弯标注

9）角度标注。角度标注可以标注两条直线之间的角度。标注角度时，尺寸数值一般在所选的两条线之间。图 1-151a 所示是一般的角度标注，图 1-151b 所示是连续角度标注，图 1-151c 所示是基线角度标注。

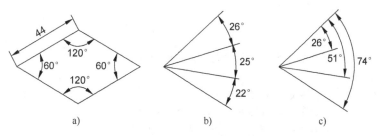

a)　　　　　　　　　b)　　　　　　　　　c)

图 1-151　角度标注

🔘 **提速宝典**　一键角度标注

命令：DAN

方法：命令行输入 DAN，分别选中角的两边即可。

⊚ **提速宝典** 一秒改变角度

命令：DCA

方法：命令行输入 DCA 后，选择要改变角度的两边或圆弧，在出现的"角度＝ "处修改角度即可。如图 1-152 所示。

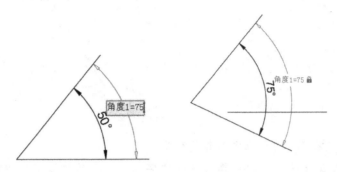

图 1-152 一秒改变角度

10）快速标注。快速标注可以快速地标注一个或者多个选择对象的尺寸。快速标注时，不必选择尺寸的边界线，而是直接选择对象本身，然后拖动鼠标指定尺寸位置。图 1-153a 所示是选择对象 *AB* 的快速标注，图 1-153b 所示是框选 *AD*（虚线框内部分）快速标注，图 1-153c 所示是框选 *BD*（虚线框内部分）快速标注。

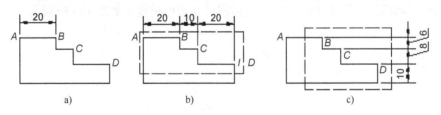

图 1-153 快速标注

⊚ **技巧宝典** CAD 中标注文字不显示怎么办？

方法：文字不显示是因为字体太小了，可以选择"格式"菜单→"标注样式"进行修改，在标注样式管理器中选择"调整"选项卡，将"使用全局比例"数值扩大即可。

【做中学】

1. 多行文字操作

完成如图 1-154 所示配电室平面布置图的说明文字。

注意：
1. 车间通道必须保证足够的通风 。
2. 1号 2号变压器室安装轴流出风风扇，风扇中心标高+4.000mm。
3. 高压配电室安装轴流进出风风扇，风扇中心标高+4.000mm。
4. 轴流风扇开孔尺寸按ϕ500计算。
5. 变压器室、高压配电室空间净高要求保持5m以上，屋顶不得与车间通道屋顶连通。

图 1-154 配电室平面布置图的说明文字

操作步骤：

1）单击如图 1-155 所示"文字"工具栏中的"多行文字"按钮，选择文本框的第一角点（图 1-156）和对角点（图 1-157）。在弹出"文字格式"对话框的同时，光标指示在文字编辑框内，如图 1-158 所示。

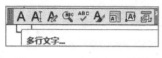

图 1-155 "文字"工具栏

图 1-156 指定第一角点

图 1-157 指定对角点

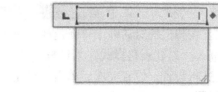

图 1-158 多行文字编辑框

2）在文字编辑框中输入图 1-154 中所示的文字。

技巧宝典

在输入文字时，由于输入法的影响，会造成一些操作功能失效，建议使用比较常用的输入法。文字输入结束后，要转换为英文输入法，防止一些快捷键功能的应用受到影响。

2. 单行文字操作

操作步骤：

1）单击如图 1-159 所示"文字"工具栏中的"单行文字"按钮 **AI**，按如下方法操作：

```
命令：_dtext
当前文字样式：Standard  当前文字高度：2.5000
指定文字的起点或 [对正(J)/样式(S)]：
指定高度 <2.5000> 5
指定文字的旋转角度 <0>：60
```

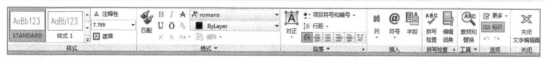

图 1-159 "文字"工具栏

2）输入"倾斜角度为 60 度的斜线"字样，如图 1-160 所示。然后单击一次左键确定，再按〈Esc〉键退出，这时文字转换为倾斜 60°，如图 1-161 所示。

倾斜角度为60度的斜线

图 1-160 输入文字

图 1-161 输入文字转换为倾斜 60°

3. 表格操作

绘制如图 1-162 所示的白水泥的等级表格。

白水泥等级	优等品	一等品		合格品	
白度等级	特级（86%）	一级（84%）	二级（80%）	二级（80%）	三级（75%）
白水泥白度	625、525	525、425	525、425	425、325	325

图 1-162　白水泥的等级表格

操作步骤：

1）选择"格式"菜单 ![表格样式(B)...]。在"表格样式"对话框中单击"新建"按钮，在弹出的对话框中将新建样式命名为"Standard01"，然后单击"继续"按钮。

2）进入"新建表格样式"对话框，如图 1-163 所示。可以对"常规""文字"和"边框"样式进行设置，设置完成后单击"确定"按钮，并将该样式置为当前。在"注释"面板单击 ![表格] 按钮，弹出如图 1-164 对话框。将"第一行单元样式"和"第二行单元样式"均改为"数据"，设置"列数"为 6、"列宽"为 40，"数据行数"为 3、"行高"为 1。

图 1-163　新建表格样式

图 1-164　插入表格

3）在绘图区选择插入表格的位置，得到表格如图 1-165 所示。

图 1-165　空表格

4）使用以下方法将第一行的 3、4 格和 5、6 格合并。选择第一行的 3 格，然后按住〈Shift〉键并在第一行的 4 格单元内单击，再单击右键，在弹出的如图 1-166 所示的快捷菜单中选择"合并单元"→"按行"，即完成第一行的 3、4 格的合并。同理可完成第一行的 5、6 格的合并。效果如图 1-167 所示。

图1-166 合并表格操作示意

图1-167 合并表格示例

5）在图1-167所示表格的第一行的第一格输入"白水泥等级"，选取后再设定文字格式（注意设置字号为4.5，对齐方式为"正中"），操作过程如图1-168所示。用相同的方法输入其他的文字，最终结果如图1-162所示。

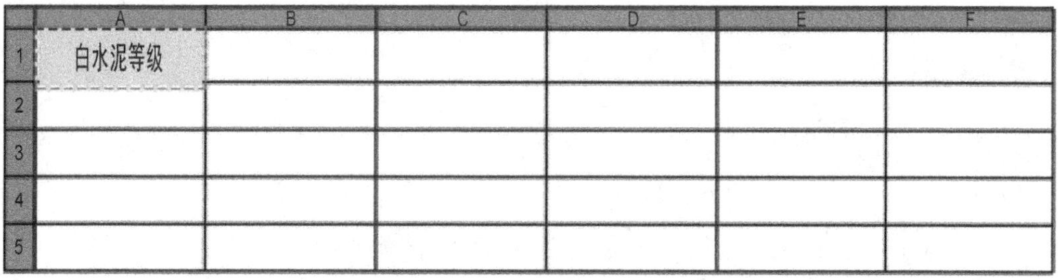

图1-168 文字输入示例

4. 基线标注操作

标注如图1-169中所示的图形。

操作步骤：

1）用线性标注的方式标注 *AB* 线段。

2）启动基线标注，选择 *C* 点，标注方法如图 1-170 所示，再选择 *D* 点，最终标注结果如图 1-171 所示。

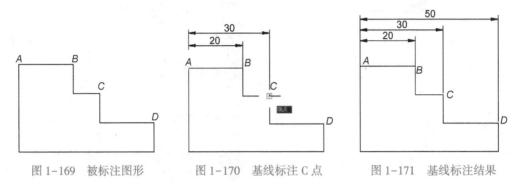

图 1-169　被标注图形　　　　图 1-170　基线标注 C 点　　　　图 1-171　基线标注结果

5. 连续标注示例

标注如图 1-169 中所示的图形。

操作步骤：

1）用线性标注的方式标注 *AB* 线段。

2）启动连续标注，这时标注起点自动从 *B* 点所在的尺寸界线开始，选择 *C* 点进行连续标注，效果如图 1-172 所示。再选择 *D* 点，完成如图 1-173 所示的连续标注。

6. 综合操作演练

首先绘制如图 1-174 所示图形。然后再按图 1-174 所示进行尺寸标注。

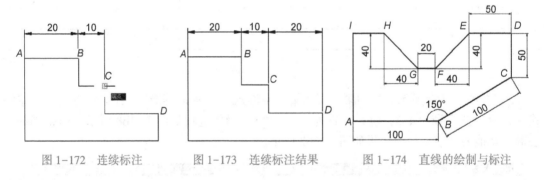

图 1-172　连续标注　　　　图 1-173　连续标注结果　　　　图 1-174　直线的绘制与标注

绘图步骤如下：

```
命令：_line 指定第一点：
指定下一点或 [放弃(U)]：100
指定下一点或 [放弃(U)]：@100<30
指定下一点或 [闭合(C)/放弃(U)]：50
指定下一点或 [闭合(C)/放弃(U)]：50
指定下一点或 [闭合(C)/放弃(U)]：@-40,-40
指定下一点或 [闭合(C)/放弃(U)]：20
指定下一点或 [闭合(C)/放弃(U)]：@-40,40
指定下一点或 [闭合(C)/放弃(U)]：(这步先用光标捕捉到 A 点,不要选择,采用虚拖的方法,寻找直
线 AI 和 HI 的垂直交点后再单击确定,方法如图 1-175 所示)
指定下一点或 [闭合(C)/放弃(U)]：c
```

结果如图 1-176 所示。

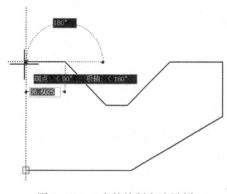

图 1-175　*I* 点的绘制方法示例

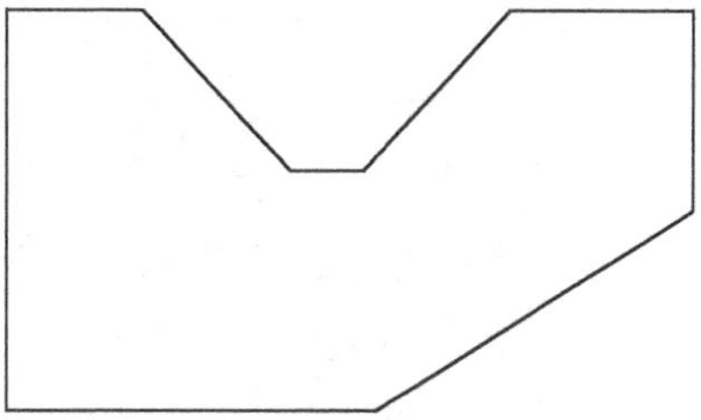

图 1-176　图形绘制

标注步骤如下：

1）选择"线性"标注命令 ⊢⊣ ，对水平与垂直的直线 *AB*、*CD*、*DE*、*GF*、*IH*、*AI* 进行标注。

2）选择"对齐"标注命令 ↖ ，对斜线 *BC* 进行标注。斜线 *EF*、*GH* 采用线性标注。

3）选择"角度"标注命令 △ ，对∠*ABC* 进行标注。

💿 **提速宝典**　一秒智能标注

命令：DIM

方法：命令行输入 DIM，选取想要标注的对象，单击直线进行直线标注，单击圆进行直径标注，单击圆弧进行半径标注，单击成一定角度的两条直线，可以进行角度标度。如图 1-177 所示。

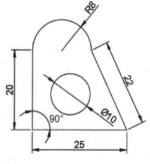

图 1-177　一秒智能标注

任务 1.4　电气工程图的基本知识

【教中学】

一、电气制图的一般规定

1. 图纸幅面及格式

（1）图纸的幅面尺寸　为了图纸规范统一，便于使用和保管，绘制技术图样时，应优先选用表 1-5 中规定的基本幅面。必要时，也允许选用加长幅面，这些加长幅面的尺寸是由基本幅面的短边或整数倍增加后得出的。如图 1-178 所示，A0、A1、A2、A3、A4 为优先选用的基本幅面；A3×3、A3×4、A4×3、A4×4、A4×5 为第二选择的加长幅面；虚线所示为第三选择的加长幅面。

（2）图框格式

1）在图纸上必须用粗实线画出图框，其格式分为不留装订线边和留装订线边两种，但同一产品的图样只能选用一种格式。

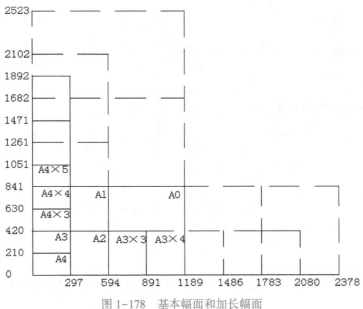

图 1-178 基本幅面和加长幅面

表 1-5   图纸的优选实际幅面   （单位：mm）

代　　号	A0	A1	A2	A3	A4
尺寸	841×1189	594×841	420×594	297×420	210×297
边宽	10			5	
装订侧边宽	25				

2）留有装订边的图纸，装订侧边宽一般为 25 mm，对 A0、A1、A2 三种幅面，边宽为 10 mm；对 A3、A4 两种幅面，边宽为 5 mm，见表 1-5。

3）当图纸张数较少或用其他方法保管而不需要装订时，其图框格式为不留装订边方式。图纸的四个周边尺寸相同，对 A0、A1 两种幅面，边宽为 20 mm；其余三种幅面边宽为 10 mm。

4）图框的线宽。图框分为内框和外框，两者的线宽不同。图框的内框线，根据不同的幅面，不同的输出设备宜采用不同的线宽，内框的线宽设置见表 1-6。各种幅面的外框线均为 0.25 mm 的实线。

表 1-6   图框内框线宽   （单位：mm）

幅　　面	绘图机类型	
	喷墨绘图机	笔式绘图机
A0、A1 及加长图	1.0	0.7
A2、A3、A4 及加长图	0.7	0.5

（3）标题栏（GB/T 10609.1—2008）

1）每张图样都必须画出标题栏。标题栏的格式和尺寸应遵照 GB/T 10609.1—2008《技术制图 标题栏》的规定。标题栏的位置应位于图纸的右下角，国内工程通用标题栏的基本信息及尺寸如图 1-179 和图 1-180 所示。

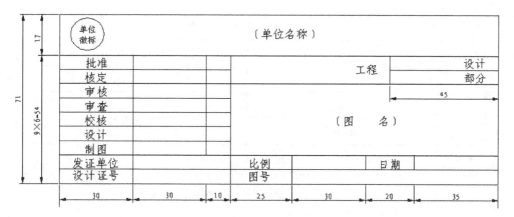

图 1-179　设计通用标题栏（A0~A1）

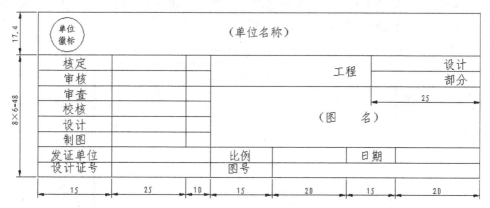

图 1-180　设计通用标题栏（A2~A4）

2）标题栏的长边置于水平方向并与图纸的长边平行时，则构成 X 型图纸，如图 1-181a 所示。若标题栏的长边与图纸的长边垂直时，则构成 Y 型图纸，如图 1-181b 所示。

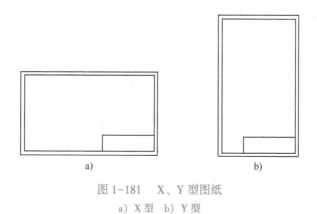

a)　　　　　　　　　　　b)

图 1-181　X、Y 型图纸
a）X 型　b）Y 型

3）课程（毕业）设计可使用如图 1-182 所示简化的标题栏。

4）不同行业也可以制定行业范围内应用的标题栏，但基本信息项必须包括。

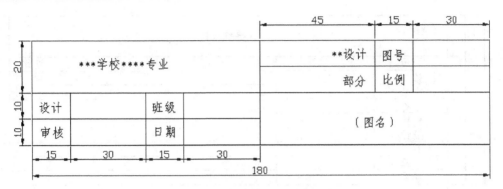

图 1-182 课程设计用简化标题栏

（4）图幅分区

1）图幅分区是指当图样上的内容很多时，能迅速找到图上某内容的方法。图幅分区可采用细实线在图纸周边画出分区。如图 1-183 所示。

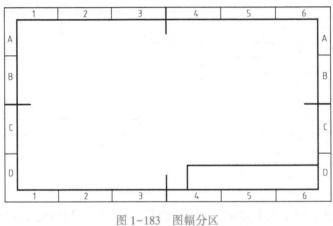

图 1-183 图幅分区

2）图幅分格数应为偶数，并应按图的复杂性选取。每个分区长度不大于 75 mm，不小于 25 mm。

3）分区的编号，沿上下方向（按看图方向确定图纸的上下和左右）用大写拉丁字母从上到下顺序编写；沿水平方向用阿拉伯数字从左到右顺序编写。拉丁字母和阿拉伯数字应尽量靠近图框线。

4）在图样中标注分区代号时，如分区代号由拉丁字母和阿拉伯数字组合而成，应字母在前、数字在后并排书写，如 B3、C5 等。

2. 比例（GB/T 14690—1993《技术制图 比例》）

（1）比例概念 图样中图形与其实物相应要素的线性尺寸之比称为比例。原值比例：比值为 1 的比例，即 1:1；放大比例：比值>1 的比例，如 2:1；缩小比例：比值<1 的比例，如 1:2。

（2）比例系列 电气工程图中的设备布置图、安装图最好能按比例绘制。技术制图中推荐采用的比例规定，见表 1-7。如果为特殊应用需要，也允许选取其他的比例。

表1-7　比例系列

种　类	比　例
原值比例	1 : 1
放大比例	5 : 1　　　2 : 1 $5 \times 10^n : 1$　　$2 \times 10^n : 1$　　$1 \times 10^n : 1$
缩小比例	1 : 2　　1 : 5　　1 : 10 $1 : 2 \times 10^n$　　$1 : 5 \times 10^n$　　$1 : 1 \times 10^n$

注：n 为正整数。

（3）比例标注方法

1）比例符号应以"："表示，其标注方法如1:1、1:500、20:1等。

2）比例一般应标注在标题栏中的比例栏内，也可在视图名称的下方或右侧标注比例，如 $\dfrac{1}{2:1}$、$\dfrac{A}{1:100}$、$\dfrac{B-B}{2.5:1}$、$\dfrac{墙板位置图}{1:200}$、$\dfrac{平面图}{1:100}$。

（4）比例的特殊情况　当图形中孔的直径或薄片的厚度≤2mm以及斜度和锥度较小时，可不按比例而夸大画出。

（5）采用一定比例时图样中的尺寸数值　不论采用何种比例，图样中所标注的尺寸数值必须是实物的实际大小，与图形比例无关，如图1-184所示。同一机件的各个视图一般采用相同的比例，并需在标题栏中的比例栏写明采用的比例。

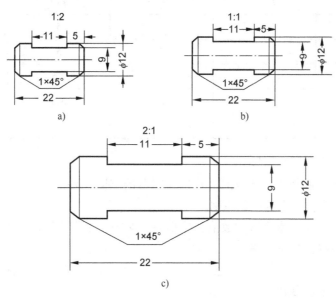

图1-184　用不同比例画出的图形

a) 1:2　b) 1:1　c) 2:1

3. 字体（GB/T 14691—1993《技术制图 字体》）

（1）书写方法　图样中书写的汉字、字母和数字，都必须做到"字体工整、笔画清楚、间隔均匀、排列整齐"。

（2）字体　汉字字体应为 HZTXT. SHX（仿宋体单线），拉丁字母、数字字体应为 RO-MANS. SHX（罗马体单线），希腊字母字体为 GREEKS. SHX。图样及表格中的文字通常采用直体字书写，也可写成斜体。斜体字字头向右倾斜，与水平基准线成 75°。

（3）字号　常用的字号（字高）共有 20、14、10、7、5、3.5、2.5 七种（单位为mm）。汉字的高度 h 不应小于 3.5 mm，数字、字母的高度 h 不应小于 2.5 mm；字宽一般为 $h/\sqrt{2}$；如需要书写更大的字，其字体高度应按 $\sqrt{2}$ 的比率递增。表示指数、分数、极限偏差、注脚等的数字和字母，应采用小一号的字体。不同情况字符高度见表 1-8、表 1-9。

表 1-8　最小字符高度　　　　　　　　　（单位：mm）

字 符 高 度	图 幅				
	A0	A1	A2	A3	A4
汉字	5	5	3.5	3.5	3.5
数字和字母	3.5	3.5	2.5	2.5	2.5

表 1-9　图样中各种文本尺寸　　　　　　　（单位：mm）

文 本 类 型	中 文		字母或数字	
	字高	字宽	字高	字宽
标题栏图名	7~10	5~7	5~7	3.5~5
图形图名	7	5	5	3.5
说明抬头	7	5	5	3.5
说明条文	5	3.5	3.5	2.5
图形文字标注	5	3.5	3.5	2.5
图号和日期	5	3.5	3.5	2.5

字体的高度代表字体的字号。

（4）字体取向　图样中字体取向（边框内图示的实际设备的标记或标识除外）采用从文件底部和右面两个方向来读图的原则。

（5）表格中的数字　带小数的数值，按小数点对齐；不带小数的数值，按个位数对齐。表格中的文本书写按正文左对齐。

4. 图线（GB/T 17450—1998《技术制图 图线》、GB/T 4457.4—2002）

（1）图线、线素、线段的定义

1）图线。起点和终点间以任意方式连接的一种几何图形，形状可以是直线或曲线、连续线或不连续线，称为图线。

2）线素。不连续线的独立部分，如点、长度不同的画和间隔，称为线素。

3）线段。一个或一个以上不同线素组成一段连续的或不连续的图线称为线段。如实线的线段或由"长画、短间隔、点、短间隔、点、短间隔"组成的双点画线的线段等。

（2）图线的宽度　所有线型的图线宽度均应按图样的类型和尺寸大小在 0.13 mm、0.18 mm、0.25 mm、0.35 mm、0.5 mm、0.7 mm、1 mm、1.4 mm、2 mm 中选择，该系列的公比为 $1:\sqrt{2}$。粗线、中粗线和细线的宽度比率为 4:2:1。在同一图样中，同类图线的宽度应一致。

5. 尺寸标注（GB/T 16675.2—2012、GB/T 4458.4—2003）

在图样中，图形表达机件的形状，尺寸表示机件的大小。因此，标注尺寸应该严格遵守国家标准中尺寸注法的有关规定。

1）机件的真实大小应以图样上所注尺寸数值为依据，与图形大小及绘图的准确度无关。

2）图样中（包括技术要求和其他说明）标注的尺寸，以 mm 为单位时，不需要标注计量单位的代号或名称；如采用其他单位标注尺寸时，则必须注明相应的计量单位的代号或名称。

3）图样中所标注的尺寸，为该图样所示机件的最后完工尺寸，否则应另加说明。

4）机件的每一尺寸，一般只标注一次，并应标注在反映该结构最清晰的图形上。

二、了解电气图的分类

电气图的分类见表 1-10。

表 1-10　电气图分类表

类　别	名　称	说　明
功能性文件	概略图	概略图应表示系统、分系统、成套装置、设备、软件等的概貌，并显示出各主要功能件之间和（或）各主要部件之间的主要关系。概略图包括传统意义上的系统图、框图等电气图
	功能图	功能图应表示系统、分系统、成套装置、设备、软件等功能特性的细节，但不考虑功能是如何实现的。功能图包括逻辑功能图和等效电路图
	电路图	电路图是电气技术领域中使用最广，特性最典型的一种电气简图
	表图	包括功能表图、顺序表图、时序图。功能表图是用步和转换描述控制系统的功能和状态的表图。顺序表图是表示系统各个单元工作次序或状态的图，各单元的工作或状态按一个方向排列，并在图上成直角绘出过程步骤或事件。时序图是按比例绘出时间轴（横轴）的顺序表图
	端子功能图	端子功能图是表示功能单元的各端子接口连接和内部功能的一种简图
	程序图	是详细表示程序单元、模块的输入、输出及其相互关系的简图，其布局应能清晰地反映其相互关系
位置文件	总平面图	总平面图是表示建筑工地服务网络、道路工程、相对于测定点的位置、地表资料、进入方式和工区总体布局的平面图
	安装图	安装图是表示各项目安装位置的图
	安装简图	安装简图是表示各项目之间连接的安装图
	装配图	装配图是通常按比例表示一组装配部件的空间位置和形状的图
	布置图	布置图是经简化或补充以给出某种特定目的所需信息的装配图

（续）

类　别	名　　称	说　　明
接线文件	接线图［表］	接线图［表］是表示或列出一个装置或设备的连接关系的简图。包括单元接线图［表］、互连接线图［表］、端子接线图［表］等
	电缆图［表］［清单］	电缆图［表］是提供有关电缆，诸如导线的识别标记、两端位置以及特性、路径和功能（如有必要）等信息的简图
项目表	元件表、设备表	元件表、设备表是构成一个组件（或分组件）的项目（零件、元件、软件、设备等）和参考文件（如有必要）的表格
	备用元件表	备用元件表是用于防护和维修项目（零件、元件、软件、散装材料等）的表格
说明文件	安装说明文件	安装说明文件是有关一个系统、装置、设备或元件的安装条件以及供货、交付、卸货、安装和测试说明或信息的文件
	试运转说明文件	试运转说明文件是有关一个系统、装置、设备或元件试运转和起动时的初始调节、模拟方式、推荐的设定值以及为了实现开发和正常发挥功能所需采取措施的说明或信息的文件
	使用说明文件	使用说明文件是有关一个系统、装置、设备或元件的使用说明和信息的文件
	可靠性和可维修性说明文件	可靠性和可维修性说明文件是有关一个系统、装置、设备或元件的可靠性和可维修性方面的说明和信息的文件
其他文件	手册、指南、样本、图样和文件清单等	

三、了解电气图形符号及代号的使用

1. 电气简图中元件的表示法

（1）元件中功能相关各部分的表示方法

1）集中表示法。这是一种把一个复合符号的各部分列在一起的表示法，如图 1-185a 所示。为了能表明不同的部件属于同一个元件，每一个元件的不同部件都集中画在一起，并用虚线把它们连接起来。这种画法的优点是能一目了然地了解到电气图中任何一个元件的所有部件。这种表示法不易理解电路的功能原理，除非原理很简单，否则很少采用集中表示法。

2）半集中表示法。这是一种把同一个元件不同部件的符号（通常用于具有机械的、液压的、气动的、光学的等方面功能联系的元件）在图上展开的表示方法，如图 1-185b 所示。它通过虚线把具有上述联系的各元件或属于同一元件的各部件连接起来，以清晰表示电路布局。这种画法的优点是易于理解电路的功能原理，而且也能通过虚线一目了然地找到电气图中任何一个元件的所有部件。但和分开表示法相比，这种表示法不适用于很复杂的电气图。

3）分开表示法。这是一种把同一个元件不同部件的图形符号（用于有功能联系的元件）分散于图上的表示方法，采用该元件的项目代号表示元件中各部件之间的关系，以清晰表示电路布局，如图 1-185c 所示。与集中表示法和半集中表示法相比，用分开表示法表示的异步电动机正、反转控制电路，其电路图要简明得多。同样地"-K1"，不需通过虚线把它的不同部件连接起来或集中起来，而只需在其每一个部件（如线圈、主触点和控制触点）附近标上"-K1"即可。显然，这种画法对读图者来讲，最容易理解电路的功能。

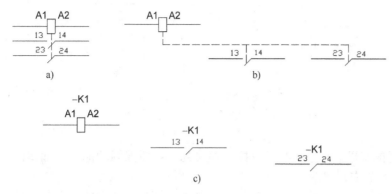

图1-185　元件中功能相关部分集中、半集中和分开表示法示例
a) 集中表示法　b) 半集中表示法　c) 分开表示法

（2）元件中功能无关各部分的表示方法

1）组合表示法。这种表示法可按以下两种方式中的一种表示元件中功能无关的各部分。

① 符号的各部分画在点画线框内，如图1-186所示，表示一个封装了两只继电器的元件的组合表示法。

② 符号的各部分（通常是二进制逻辑元件或模拟元件）连在一起。图1-187所示为有四个两输入端与非门封装单元的组合表示法。

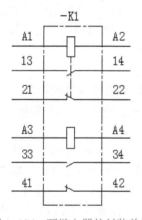

图1-186　两继电器的封装单元

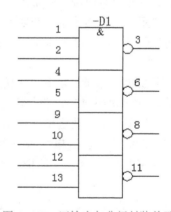

图1-187　四输出与非门封装单元

2）分立表示法。这是一种把在功能上独立的符号各部分分开示于图上的表示方法，通过其项目代号使电路和相关的各部分布局清晰。图1-188所示是图1-187所示元件的分立表示法示例。

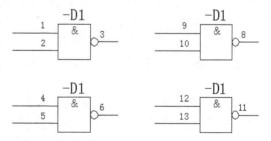

图1-188　分立表示法示例

2. 信号流的方向和符号的布局

（1）信号流方向　默认信号流的方向为从左到右或从上到下，如图1-189a所示。如果由于制图的需要，信号的流向与上述习惯不同，在连接线上必须画上开口箭头，以标明信号的流向。需要注意的是，这些箭头不可触及任何图形符号。如图1-189b所示。

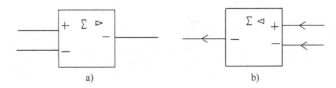

图 1-189　信号流的方向

a）信号流方向从左到右　b）信号流方向从右到左

（2）符号的布局　符号的布局应按顺序排列，以便强调功能关系和实际位置。为此有功能布局法和位置布局法两种。

1）功能布局法。功能布局法是元件或元件的各部件在图上的布置使电路的功能关系易于理解的布局方法。对于表示设备功能和工作原理的电气图，进行画图布局时，可把电路划分成多个既相互独立又相互联系的功能组，按工作顺序或因果关系，把电路功能组从上到下或从左到右进行排列，并且，每个功能组内的元器件集中布置在一起，其顺序也按因果关系或工作顺序排列，便于读图时分析电路的功能关系。一般电路图都采用这种布局方法。例如，项目 2 中三相电动机正反转连接线示意图，其左半部是主电路部分，右半部是控制电路部分，而每一部分从上到下又是按工作顺序画出的。这样在读图时，根据从左向右、从上到下的读图原则，很容易分析此图的工作原理。

2）位置布局法。位置布局法是在元件布置时使其在图上的位置反映其实际相对位置的布局方法。对于需按照电路或设备的实际位置绘制的电气图，如接线图或电缆配置图，进行画图布局时，可把元器件和结构组按照实际位置布置，这样绘制的导线接线的走向与位置关系也与实物相同，便于装配接线及维护时的读图。

3. 电气简图图形符号

（1）图形符号标准　目前，我国采用的电气简图用图形符号标准为 GB/T 4728《电气简图用图形符号》。该标准由 13 个部分组成，符号形式、内容、数量等全部与 IEC 相同，为我国电气工程技术与国际接轨奠定了一定基础。

（2）图形符号的大小　在《电气简图用图形符号》标准中图形符号的线宽与设计图形符号时所用的模数 M 比为 1:10。一般情况下，图形符号的大小和组成图形符号的图线粗细不影响符号的含义。符号的最小尺寸应与图线宽度、图线间隔、文字标注的规则相适应。在这些规定中，GB/T 4728.11—2008 用于安装平面图、简图或电网图的符号允许按比例放大或缩小，以便与平面图或电网图的比例相适应。为清晰起见，通常规定符号比例的模数 M 必须等于或大于文字高度。下列情况可采用大小不等符号画法：①为了增加输入或输出线数量；②为了便于补充信息；③为了强调某些方面；④为了把符号作为限定符号来使用。如图 1-190 所示发电机组励磁机的符号小于主发电机的符号，以便表明其辅助功能。

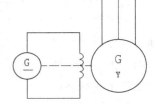

图 1-190　三相发电机与
励磁机

（3）符号的组合　假如想要的符号在标准中找不到，则可按照 GB/T 4728 中规定的原则，用标准符号组合出一个符号。图 1-191 所示为一个过电压继电器组合符号组成的示例。

（4）引出线表示法　在 GB/T 4728 中，元件和器件符号一般都画有引出线。引出线符号的位置是允许改变的，但不能因此而改变符号的含义。如图 1-192 所示，虽然改变了引出线的位置，但并未影响符号的含义，此种改变是允许的。而图 1-193 中电阻符号因引出线位置的改变而变成了继电器线圈符号，图形符号的含义发生了改变，此种改变是不允许的。此时必须按 GB/T 4728 的规定来画。

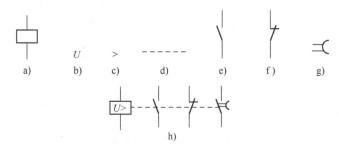

图 1-191　过电压继电器组合符号组成的示例

a）测量继电器或驱动装置　b）国际单位制电压量字母代号　c）特性量值大于设定值时动作
d）机械连接　e）动合触点　f）动断触点　g）延时触点　h）组合符号

图 1-192　改变引线方向的扬声器　　　图 1-193　改变引线方向的电阻器

4. 简图的连接线

（1）一般规定　非位置布局的简图的连接线应尽量采用直线，减少交叉线及弯曲线，提高简图的可读性。为了改善图的清晰度，如对称布局或改变相序的情况，可采用斜线。如图 1-194 所示。

简图的连接线应采用实线来表示，表示计划扩展的连接线用虚线。

同一张电气图中，所有连接线的宽度应相同，具体线宽应根据所选图幅和图形的尺寸来决定。但有些电气图中，为了突出和区分某些重要电路，如电源电路，可采用粗实线，必要时可采用两种以上的图线宽度。

（2）连接线的标记　连接线需要标记时，标记必须沿着连接线放在水平连接线的上方及垂直连接线的左边，或放在连接线中断处，如图 1-195 所示。

图 1-194　连接线斜线示例　　　　图 1-195　连接线标记书写位置

（3）连接线的接点　连接线的接点按照标准有两种表现方式，一种为 T 形连接表示，如图 1-196a，当布局比较方便时，优先选用此种表达方式。另一种为双重接点表示方式，如图 1-196b。采用此种表达方式表示连接点的图中，所有接点都应加上小圆点，不加小圆点的十字交叉线被认为是两线跨接而过，并不相连。需要注意的是，在同一份图样上，只能采用其中一种方法。如图 1-196a、b 所示的两个电路是等效的。

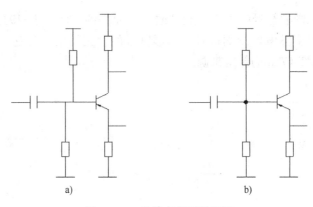

图 1-196　连接点的两种画法

a）采用 T 形连接　b）采用双重接点

【做中学】

1. 绘制图框

步骤如下：

1）在命令行输入命令 mline，按命令行的提示绘制多线，作为图框的内外线，如图 1-197 所示，这时图框的四个边宽均为 10。

```
命令：_mline
当前设置:对正 = 上,比例 = 20.00,样式 = STANDARD
指定起点或［对正(J)/比例(S)/样式(ST)］：　s
输入多线比例<20.00>：　10(边宽为 10)
当前设置:对正 = 上,比例 = 10.00,样式 = STANDARD
指定起点或［对正(J)/比例(S)/样式(ST)］：
指定下一点：　841(图框的宽)
指定下一点或［放弃(U)］：　1189(图框的长)
指定下一点或［闭合(C)/放弃(U)］：　841
指定下一点或［闭合(C)/放弃(U)］：　1189
指定下一点或［闭合(C)/放弃(U)］:c
```

2）单击"修改"面板上的"分解"命令按钮 📾，打散图框。将左侧内线向右移动 15，如图 1-198 所示，即左侧装订侧边宽为 25。

图 1-197　用"多线"命令绘制图框

图 1-198　左侧内线向右移动

3）单击"修改"面板上的"修剪"命令按钮 ，将左侧内线与上下内线相交处的线头修剪掉，结果如图 1-199 所示。

4）单击"绘图"面板中的"直线"命令按钮 ✎，在外框左上角垂直距离为 241 的位置上作水平直线，交于内框的左边线上。效果如图 1-200 所示。

图 1-199　修剪后的图形　　　　　　　图 1-200　做分区线

5）在命令行输入 ARRAYCLASSIC，按〈Enter〉键，出现如图 1-201 所示的对话框，将直线阵列为 3 行 1 列，行偏移为-200。绘制左侧纵向分区线的图框效果如图 1-202 所示。

图 1-201　"阵列"对话框　　　　　　图 1-202　左侧纵向分区线

6）单击"绘图"面板中的"多行文字"命令按钮 **A**，在绘制好的单元块中，从上到下依次填写 A、B、C、D，效果如图 1-203 所示。注意文字应居中。

7）按第 3）~6）步的方法，在图框的右侧作分区线及输入分区标识字母。在上边宽和下边宽中也分别进行分区并输入分区标识数字 1~8，效果如图 1-204 所示。

图 1-203　填写纵向分区字母　　　　图 1-204　完成分区、字母和数字的填写

8）单击"绘图"面板中的"多段线"命令按钮 ⤵，按命令行提示完成如下操作。

```
命令：_pline
指定起点：
当前线宽为 2.0000
指定下一个点或［圆弧（A）/半宽（H）/长度（L）/放弃（U）/宽度（W）］：w
指定起点宽度 <2.0000>：2
指定端点宽度 <2.0000>：2
指定下一个点或［圆弧（A）/半宽（H）/长度（L）/放弃（U）/宽度（W）］：10
指定下一点或［圆弧（A）/闭合（C）/半宽（H）/长度（L）/放弃（U）/宽度（W）］：*取消*
```

效果如图 1-205 所示。

9) 单击"绘图"面板中的"矩形"命令按钮▢，绘制与内框线完全重合的矩形，并将原内框线删除。效果如图 1-206 所示。

图 1-205　绘制一条多段线　　　　　　　　　图 1-206　重新绘制内框线

10) 单击"标准"工具栏中的"特性匹配"按钮▥，"选择原对象"为图 1-205 所示的多段线，"选择目标对象"为图 1-206 所示重新绘制的内框线，确定后将内框线加粗，然后删除图 1-205 所示的多段线。最终效果如图 1-207 所示。完成了对内框线的宽度修改。

图 1-207　标准图框

【说明】本示例绘制图框的方法中，为了多练习几个绘图工具的使用，所以不是最简单的方法。特别是新版本软件中可以通过安装插件，完成一键绘制图框的功能，比本节的绘制方法要简单快捷得多。

2. 绘制标题栏

步骤如下：

1) 单击"绘图"面板中的"矩形"命令按钮▢，绘制 113×35 的矩形。效果如图 1-208 所示。

2) 单击"修改"面板中的"分解"命令按钮▱，将矩形打散分解。

3) 单击"修改"面板中的"阵列"命令按钮▦，将矩形的底边向上阵列 7 行，行偏移为 5，效果如图 1-209 所示。

图 1-208　绘制矩形

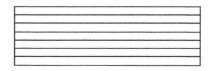

图 1-209　阵列

4）单击"修改"面板中的"复制"按钮，将矩形的左侧边向右复制 6 次，复制距离依次为 25、35、55、75、90、105。效果如图 1-210 所示。

5）单击"修改"面板中的"修剪"命令按钮，将图中的线条逐个进行修剪，修剪后的效果如图 1-211 所示。

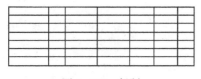

图 1-210　复制

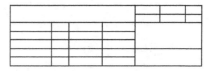

图 1-211　修剪

6）单击"绘图"面板中的"多行文字"命令按钮 **A**，在对应单元块中用 6 号字体填写"设计单位名称""项目名称"和"图名"。注意：这三项名称在作图之后都要按照所绘制的图进行相应的改写。效果如图 1-212 所示。

7）单击"绘图"面板中的"多行文字"命令按钮 **A**，在对应单元块中用 3 号字体填写其他文字，效果如图 1-213 所示，即完成了绘制标题栏的任务。

设计单位名称		
	项目名称	
	图　名	

图 1-212　填写名称

设计单位名称		工程名	设计号	图号
总工程师	主要设计人			
设计工程师	技核人		项目名称	
专业工程师	制图人			
组长	描图人			
日期	比例		图　名	

图 1-213　标题栏

8）在以后的设计中必然要多次用到标题栏，不妨把标题栏作为一个外部块保存起来，以方便使用。运行 WBLOCK 命令，执行外部块操作，在弹出的如图 1-214 所示的"写块"对话框中，单击"选择对象"按钮，将标题栏全选后按〈Enter〉键；单击"拾取点"按钮选择标题栏右下角为拾取点；在"文件名和路径"文本框中输入文件存储的路径为"桌面"，并命名为"标题栏"；单击"确定"按钮完成。

9）这时就在计算机桌面产生一个名为"标题栏 . dwg"的文件，如图 1-215 所示。以后应用该标题栏只需执行"插入块"命令即可。

图 1-214　"写块"对话框

3. 几种不同类别的电气工程图例

如图 1-216 所示的图形中，图 1-216a 所示为车间电气平面图；图 1-216b 所示为电动机控制接线图；图 1-216c 所示为电炉馈电柜外部接线图；图 1-216d 所示为电梯配电系统图；图 1-216e 所示为

图 1-215　块操作产生的文件

电炉操作台设备布置图。

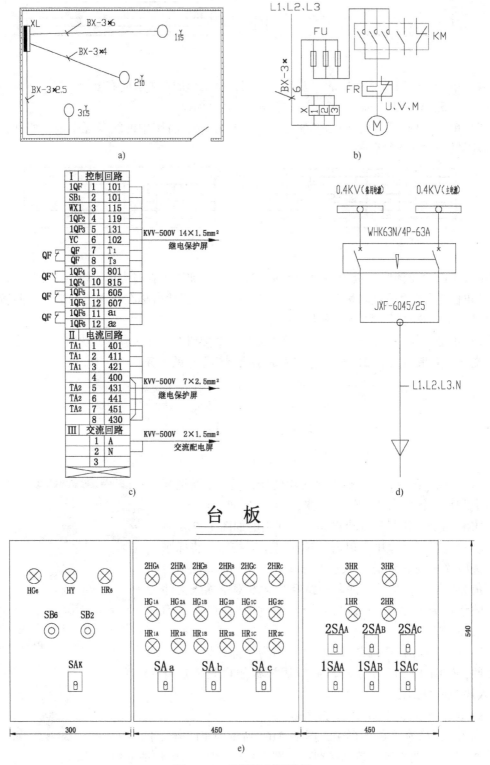

图 1-216 不同类别图示例

a) 车间电气平面图 b) 电动机控制接线图 c) 电炉馈电柜外部接线图 d) 电梯配电系统图 e) 电炉操作台设备布置图

4. 电气工程图开关、代号、端子

绘制如图 1-217 所示电气工程图的一部分，并指出图中项目代号的含义。若将图形方向沿顺时针旋转90°，端子代号的位置和取向应该如何调整？

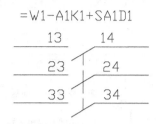

图 1-217 项目代号、端子代号示例

操作步骤：

1）首先按如下操作步骤绘制单相常开触点的符号，效果如图 1-218 所示。

```
命令：_line 指定第一点：
指定下一点或 [放弃(U)]：30
指定下一点或 [放弃(U)]：15
指定下一点或 [闭合(C)/放弃(U)]：30
指定下一点或 [闭合(C)/放弃(U)]：*取消*
命令：_rotate
UCS 当前的正角方向： ANGDIR=逆时针 ANGBASE=0
选择对象：找到 1 个(中间长度为 15 的线段)
指定基点：(右侧端点)
指定旋转角度，或 [复制(C)/参照(R)] <0>： 30
```

2）单击"修改"面板中的"复制"命令按钮 ，把单相常开触点的符号分别向下复制两份，复制距离为15，30，然后在三相触点上用虚线绘制三相互联动作指示线，效果如图 1-219 所示。

3）填写项目代号和线标。其中项目代号中 W1 是高层代号段，-A1K1 是种类代号段，+SA1D1 是位置代号段；而 13、14、23、24、33、34 是线标，方便连接时查线。将图形顺时针旋转90°，相应的项目代号和线标调整后如图 1-220 所示。调整时注意项目代号应标注在符号的旁边；线标（端子代号）应靠近端子，最好在水平连接线上边和垂直连接线的左边，线标（端子代号）的取向应与连接线方向一致。

图 1-218 单相常开触点　　图 1-219 三相常开触点　　图 1-220 调整后的图形

项目二　三相电动机电气图的绘制

知 识 目 标	能 力 目 标	素 质 目 标
了解电气工程制图所包含的内容；掌握电气工程制图图形符号和文字符号、电气控制原理图的绘制原则；将 AutoCAD 软件的使用与三相电动机正反转电路和车床电路的设计有机结合起来，进一步强化对电气控制电路有关知识的掌握、理解与吸收。最后介绍了电气专业绘图软件 ACE 的简单使用	1. 培养学生分析问题、解决问题的能力 2. 电气控制电路相关知识的获取能力 3. 制定电气控制电路视图表达方案的能力 4. 作图不但要正确，而且图面要整洁	1. 培养学生树立正确世界观、人生观、价值观，塑造良好人格，实现个人发展 2. 树立学生正确的情感价值取向，了解自我发展方向，实现自我成长

一百年前，黄炎培等职教先贤大力提倡"劳工神圣""敬业乐群"等职业观，不仅强调了劳动改变个人和家庭，更要"乐群""敬业"。黄炎培把"手脑并用"作为职业教育的基本教学原则，以"双手万能"作为校徽图案，要求学生能用智慧和双手创造社会财富，发展生产力。强调"做学合一"，就是"一面做，一面学；从做中学，从随时随地的工作中间求得系统的知识"。新时期高职院校普遍推广实行"工学结合"的人才培养模式，表面看是为了提高学生的动手能力，增强学生对企业岗位的认知，进而提升就业质量，实际上更深层次是教育学生"作工自养，是人们最高尚最光明的生活"，从而抵制"读书做官""娱乐至上"的不良习气的影响。从观念上倡导"劳工神圣"，倡导"工业立国、制造兴邦"思想，培养学生脚踏实地的精神和职业平等的优良品行，使新时期高职院校"工学结合"人才培养模式成为对学生以后的职业发展影响最重要的地方。

本项目所学习的电气图均来自企业，读者可以通过本项目的学习初步掌握 AutoCAD 软件的使用，并与电气控制设计有机结合起来，进一步强化对电气控制电路有关知识的掌握、理解与吸收，为将来进入企业做好知识准备。

任务 2.1　三相电动机正反转主电路的绘制

【教中学】

生产中许多机械设备往往要求运动部件能向正反两个方向运动，例如，机床工作台的前进与后退；起重机的上升与下降等，这些生产机械都要求电动机能实现正反转控制。对应三相电动机，任意改变其中两相的相序即可改变电动机的旋转方向，所以在主电路中可以通过两个接触器分别来给电动机供电，一个接触器按正序接线，另一个接触器颠倒其中两相接线。若第一个接触器接通则第二个就要断开，此时是正转，反之则反。

三相电动机正反转的主电路图绘制方法一般为先绘制一相主支路，进而把三相绘制完成。

【做中学】

1. 主电路的一条主支路绘制

1) 单击功能区"绘图"面板中的"圆"命令按钮 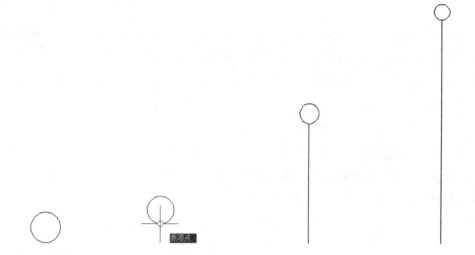 绘制圆，直径为 Φ5，作为进线端子，效果如图 2-1 所示。

2) 单击功能区"绘图"面板中的"直线"命令按钮 ，绘制起点在图 2-2 所示的象限点，向下绘制长度为 30 的直线，效果如图 2-3 所示。注意捕捉象限点时可以使用临时捕捉功能。

技巧宝典 〈Shift〉键临时捕捉功能

方法：绘图过程中可以按住〈Shift〉键+鼠标右键，在出现的快捷菜单中选择临时捕捉的点。

3) 绘制隔离开关符号。单击"绘图"面板中的"直线"命令按钮 ，按命令行的提示绘制直线，效果如图 2-4 所示。

图 2-1　绘制圆（1）　　图 2-2　捕捉起点　　图 2-3　绘制直线（1）　　图 2-4　绘制直线（2）

```
命令：_line
指定第一个点：(捕捉如图 2-4 所示的端点)
指定下一点或 [放弃(U)]：@0,10(按相对坐标输入端点)
指定下一点或 [放弃(U)]：@0,-30
指定下一点或 [闭合(C)/放弃(U)]：(按〈Enter〉键)
```

4) 单击"修改"面板中的"旋转"命令按钮 ，以图 2-5 所示的端点为旋转中心，把虚线所示的直线逆时针旋转 30°，效果如图 2-6 所示。

技巧宝典 CAD 隐藏的空格键功能（一）

方法：单击夹点拖动，按两下空格键，可以进行旋转。

5) 单击"绘图"面板中的"直线"命令按钮 ，绘制隔离开关触头，效果如图 2-7 所示。

6) 单击"绘图"面板中的"矩形"命令按钮 ，绘制如图 2-8 所示的 5×10 矩形熔断器符号，效果如图 2-8 所示。

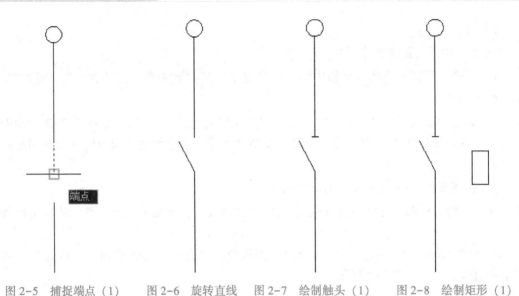

图 2-5 捕捉端点（1）　　图 2-6 旋转直线　　图 2-7 绘制触头（1）　　图 2-8 绘制矩形（1）

7）单击"修改"面板中的"移动"命令按钮✛，以 5×10 矩形上边中点为移动基准点，以旋转线下端为移动目标点进行移动，效果如图 2-9 所示。

8）单击"修改"面板中的"移动"命令按钮✛，把 5×10 矩形向下方移动，移动距离为 10，效果如图 2-10 所示。

技巧宝典 CAD 隐藏的空格键功能（二）

方法：单击夹点拖动，按一下空格键，可以进行移动确认。

9）单击"修改"面板中的"复制"命令按钮，把如图 2-11 所示的虚线图形向下复制一份，复制距离为 40，效果如图 2-12 所示。

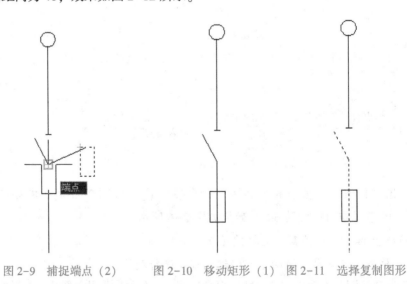

图 2-9 捕捉端点（2）　　图 2-10 移动矩形（1）　　图 2-11 选择复制图形

10）单击"绘图"面板中的"直线"命令按钮✎，绘制单相短路器触头，效果如图 2-13 所示。

🔘 **提速宝典**　CAD 常用快捷键——直线 L

　方法：命令行输入 L，根据提示可以快速绘制直线。

　11）单击"修改"面板中的"复制"命令按钮🔁，把 2-11 所示的虚线部分再向下复制一份，复制距离为 40，效果如图 2-14 所示。

　12）单击"修改"面板中的"复制"命令按钮🔁，复制 Φ5 圆并向下移动，效果如图 2-15 所示。

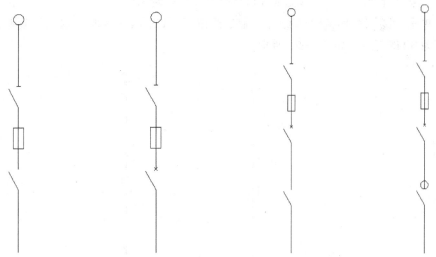

图 2-12　复制图形（1）　图 2-13　绘制触头（2）　图 2-14　复制图形（2）　图 2-15　复制图形（3）

　13）单击"修改"面板中的"修剪"命令按钮 ⊁，以图 2-17 所示的虚线直线为修剪边，修剪掉直线右边的半圆，效果如图 2-17 所示，即是接触器触点。

　14）单击"绘图"面板中的"矩形"命令按钮 ▢，绘制 30×15 矩形，效果如图 2-18 所示。

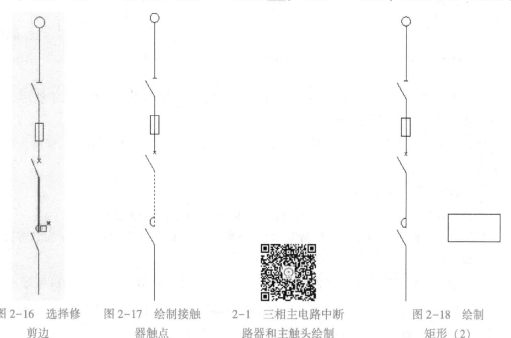

图 2-16　选择修　　　图 2-17　绘制接触　　　2-1　三相主电路中断　　　图 2-18　绘制
　剪边　　　　　　　器触点　　　　　　路器和主触头绘制　　　　　矩形（2）

15）单击"修改"面板中"移动"命令按钮✛，把矩形上边中点作为移动基准点，以图 2-19 所示的端点为移动目标点执行移动操作，效果如图 2-20 所示。

16）单击"修改"面板中"移动"命令按钮✛，把矩形向下移动，移动距离为 22.5，效果如图 2-21 所示。

🔘 **提速宝典**　CAD 常用快捷键——移动 M

方法：命令行输入 M，根据提示可以快速移动图形对象。

17）单击"绘图"面板中"直线"命令按钮／，以图 2-22 所示端点为起始点，向下绘制长度为 30 的直线，如图 2-23 所示。

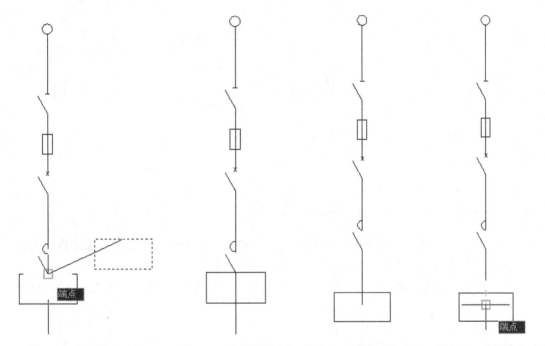

图 2-19　捕捉端点（3）　　图 2-20　移动矩形（2）　图 2-21　移动矩形（3）　图 2-22　捕捉端点（4）

18）单击"绘图"面板中"矩形"命令按钮▭，绘制起点在如图 2-24 所示交点的 (-10)×5 矩形，效果如图 2-25 所示。

19）单击"修改"面板中"移动"命令按钮✛，把 (-10)×5 矩形向上移动，移动距离为 5，效果如图 2-26 所示。

🔘 **技巧宝典**　正交快捷键

方法：绘制直线时，按住〈Shift〉键，画出的直线都是横平竖直的。

20）单击"修改"面板中"修剪"，命令按钮╱，以如图 2-27 所示矩形为修剪边，修剪掉光标所示的线头，效果为 2-28 所示。

21）单击"绘图"面板中"圆"命令按钮⊙，绘制 Φ20 圆，效果如 2-29 所示。

22）单击"修改"面板中"移动"命令按钮✛，以 Φ20 圆上端象限点为移动基准点，以图 2-30 所示端点为移动目标点进行移动，效果如图 2-31 所示。

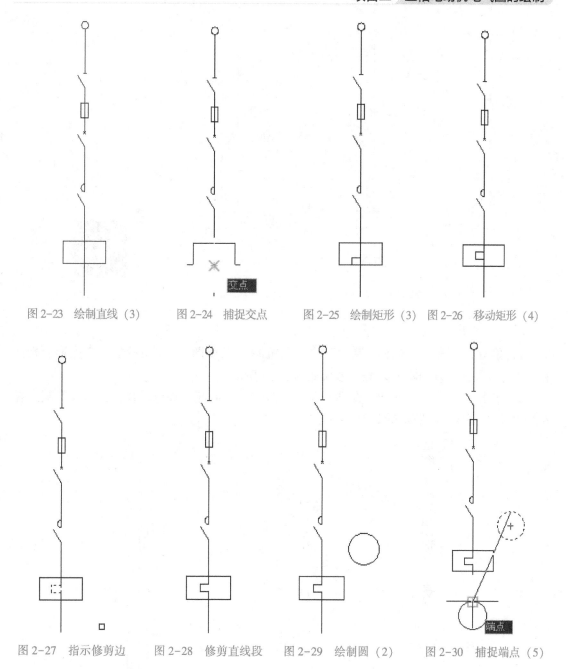

图 2-23　绘制直线（3）　　图 2-24　捕捉交点　　图 2-25　绘制矩形（3）　图 2-26　移动矩形（4）

图 2-27　指示修剪边　　图 2-28　修剪直线段　　图 2-29　绘制圆（2）　　图 2-30　捕捉端点（5）

23）单击"注释"面板中"多行文字"命令按钮 **A**，在 Φ20 圆中书写文字"M"，表示电动机，效果如图 2-32 所示。

　🔘 **提速宝典**　CAD 常用快捷键——多行文字 T

　方法：命令行输入 T，根据提示可以快速输入文字。

24）单击"修改"面板中"复制"命令按钮 ，把文字在元件旁各复制一份，再双击文字，在屏幕上的多行文字编辑器中把文字改成各个元器件的代号，效果如图 2-33 所示。

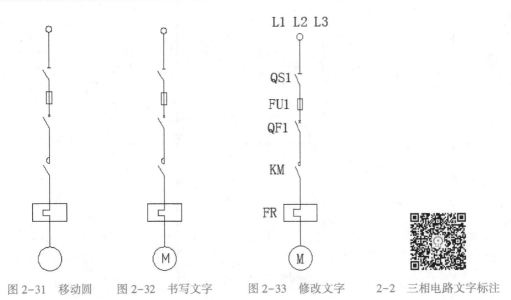

图 2-31　移动圆　　图 2-32　书写文字　　图 2-33　修改文字　　2-2　三相电路文字标注

2. 三相主电路绘制步骤如下：

1）单击"修改"面板中"复制"命令按钮 ![icon]，把如图 2-34 所示的选中图形分别向右、左复制一份，复制距离为 12，效果如图 2-35 所示。

2）单击"绘图"面板中"直线"命令按钮 ![icon]，绘制起点在电动机符号圆心，端点在 @30<135 的直线，效果如图 2-36 所示。

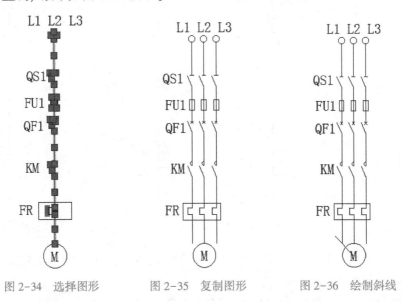

图 2-34　选择图形　　　　图 2-35　复制图形　　　　图 2-36　绘制斜线

🔘 **提速宝典**　一秒绘制带角度的直线

方法：命令行输入 L 后，指定第一点，按下 Shift+<键，输入角度即可。

3）单击"修改"面板中"镜像"命令按钮 ![icon]，以过电动机符号圆心、垂直向下的直线为对称轴，把斜线对称复制一份，效果如图 2-37 所示。

4）单击"修改"面板中"修剪"命令按钮 ![icon]，以矩形为修剪边，修剪掉矩形内多余的线条，效果如图 2-38 所示。

5）单击"修改"面板中"修剪"命令按钮 ，以如图 2-39 所示为修剪边，修剪掉光标所示的两边线头，效果如 2-40 所示。

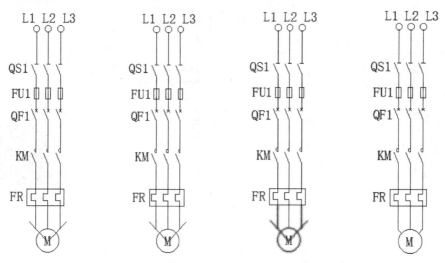

图 2-37　对称复制斜线　图 2-38　修剪图形　图 2-39　指示修剪边　图 2-40　修剪线头（1）

6）单击"修改"面板中"复制"命令按钮 ，把接触器 KM 向右复制一份，复制距离适当，效果如图 2-41 所示。

7）单击"绘图"面板中"直线"命令按钮 ，绘制右边接触器与左边主回路之间的连线，效果如图 2-42 所示。

8）单击"修改"面板中"圆角"命令按钮 ，选中一边后，再选另一边，如图 2-43 所示；单击"修改"面板中"修剪"命令按钮 ，修剪线头，效果如 2-44 所示。

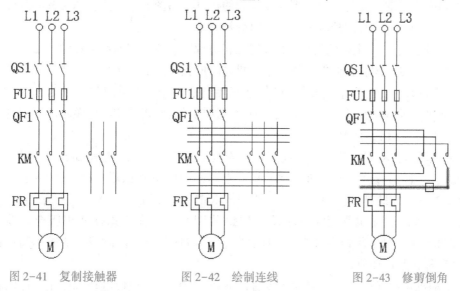

图 2-41　复制接触器　　　　图 2-42　绘制连线　　　　图 2-43　修剪倒角

9）单击"绘图"面板中"直线"命令按钮 ，并且选取虚线，绘制三相断路器、隔离开关、接触器开关线，效果如图 2-45 所示。

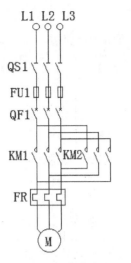

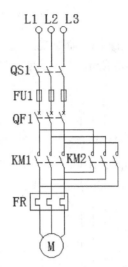

图 2-44　修剪线头（2）　　　　图 2-45　绘制开关线　　　　2-3　三相电路中虚线绘制

任务 2.2　三相电动机正反转控制电路的绘制

【教中学】

控制电路就是控制两个接触器什么时候接通，主要是通过起、保、停电路，利用两个接触器的辅助触点（常开/常闭）合理接线，分别控制两个接触器的接通或断开，并且相互联锁。为了使电动机能够正转和反转，可采用两只接触器 KM1、KM2 变换电动机三相电源的相序，但两个接触器不能同时吸合，如果同时吸合将造成电源的短路事故。为了防止这种事故，在电路中应采取可靠的互锁。下面要绘制的控制电路图为采用按钮和接触器双重互锁的电动机正、反两方向运行的控制电路。线路分析如下：

1）正向起动：①合上空气开关 QF 接通三相电源。②按下正向起动按钮 SB2，KM1 通电吸合并自锁，主触头闭合接通电动机。电动机这时的相序是 L1、L2、L3，即正向运行。

2）反向起动：①合上空气开关 QF 接通三相电源。②按下反向起动按钮 SB3，KM2 通电吸合并通过辅助触点自锁，常开主触头闭合，换接了电动机三相的电源相序。这时电动机的相序是 L3、L2、L1，即反向运行。

3）互锁环节具有禁止功能，在线路中起安全保护作用，包括接触器互锁（电气互锁）和按钮互锁（机械互锁）。本节所绘制的控制电路采用的是接触器互锁，即 KM1 线圈回路串入 KM2 的常闭辅助触点，KM2 线圈回路串入 KM1 的常闭触点。当正转接触器 KM1 线圈通电动作后，KM1 的辅助常闭触点断开了 KM2 线圈回路；若使 KM1 得电吸合，必须先使 KM2 断电释放，辅助常闭触头复位，这样就防止了 KM1、KM2 同时吸合造成相间短路，这一线路环节称为互锁环节。

4）电动机正向（或反向）起动运转后，不必先按停止按钮使电动机停止，可以直接按反向（或正向）起动按钮，使电动机变为反方向运行。

5）电动机的过载保护由热继电器 FR 完成。

【做中学】

在绘制三相电动机正反转主电路的基础上，接着绘制三相异步电动机的正反转控制原理图，从而进一步掌握电动机控制的绘图方法。

绘制步骤如下：

1）单击"修改"面板中"复制"命令按钮 ，向右复制一条线路，效果如图 2-46 所示。

2）单击"修改"面板中"删除"命令按钮 ，"绘图"面板中"直线"命令按钮 ，修改线路，效果如图 2-47 所示。

　提速宝典　一秒恢复删除图形

命令：OOPS

对于刚刚删除的图形，可以通过在命令行输入 OOPS 命令来进行恢复。

3）单击"修改"面板中"圆角"命令按钮 ，形成直角；单击"修改"面板中"删除"命令按钮 ，修改线路，效果如图 2-48 所示。

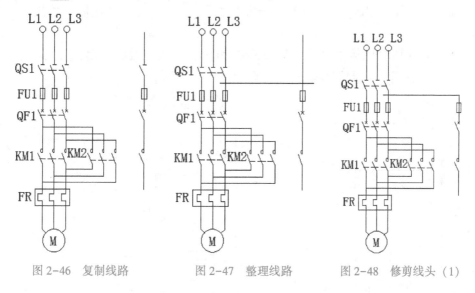

图 2-46　复制线路　　　　图 2-47　整理线路　　　　图 2-48　修剪线头（1）

4）单击"绘图"面板中"直线"命令按钮 ，"修改"面板中"镜像"命令按钮，修改线路，绘制按钮控制起动/停止部分，效果如图 2-49 所示。

5）单击"绘图"面板中"直线"命令按钮 ，"修改"面板中"镜像"命令按钮，"删除"命令按钮 ，"修剪"命令按钮 ，修改线路，绘制 KM2 常闭触点部分，效果如图 2-50 所示。

6）单击"修改"面板中"拉伸"命令按钮 ，调整图像大小，便于下一步绘图操作，效果如图 2-51 所示。

　技巧宝典　"拉伸"命令使用技巧

命令：STRETCH

注意：使用"拉伸"命令拉伸图形时，选择拉伸对象要采用从右向左的窗选方式，并且应选择到要拉伸的位置，而不是全选。

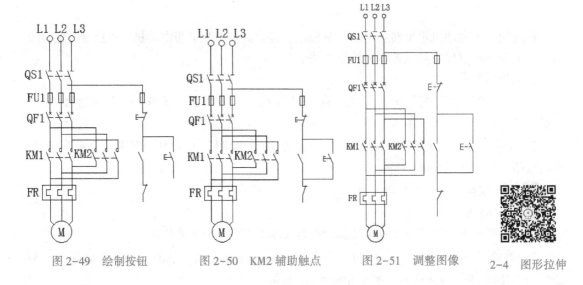

图 2-49 绘制按钮　　　图 2-50 KM2 辅助触点　　　图 2-51 调整图像　　　2-4 图形拉伸

7）单击"绘图"面板中"矩形"命令按钮 ▭，绘制接触器线圈，效果如图 2-52 所示。

8）单击"绘图"面板中"直线"命令按钮 ✎，绘制中性线；单击"修改"面板中"复制"命令按钮 ⬧，复制接线端子，效果如图 2-53 所示。

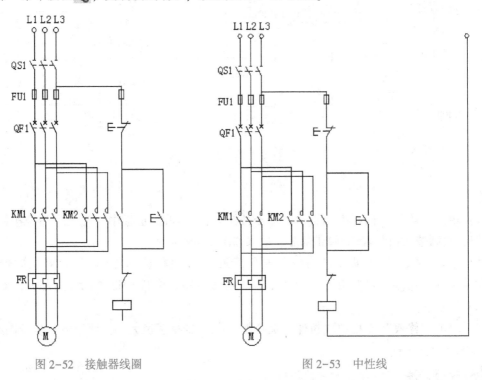

图 2-52 接触器线圈　　　　　　　图 2-53 中性线

9）单击"绘图"面板中"直线"命令按钮 ✎，"修改"面板中"镜像"命令按钮 ⚎，"删除"命令按钮 ✎，绘制表格，效果如图 2-54 所示。

10）单击"注释"面板中"多行文字"命令按钮 A，单击"修改"面板中"复制"命令按钮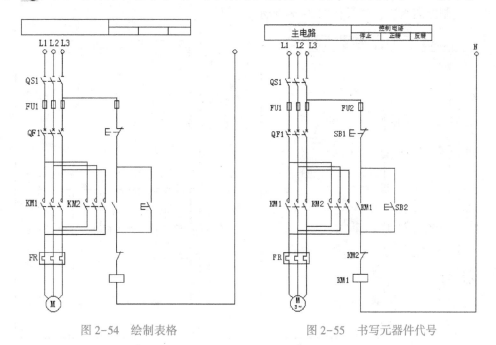，在元器件旁表格中书写文字及各个元器件的代号，效果如图 2-55 所示。

图 2-54　绘制表格　　　　　　　　　　图 2-55　书写元器件代号

11）单击"修改"面板中"复制"命令按钮 ，复制一份常闭辅助触点，作为热继电器 KR1 的常闭辅助触点，效果如图 2-56 所示。

12）单击"修改"面板中"修剪"命令按钮 ，进一步修整刚才复制的辅助触点，效果如图 2-57 所示。

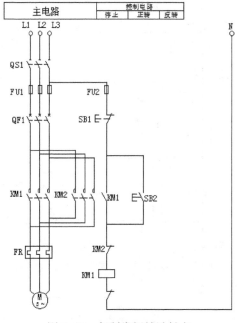

图 2-56　复制常闭辅助触点

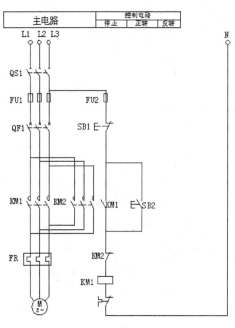

图 2-57　修整连线

13）单击"修改"面板中"复制"命令按钮 🔧，把如图 2-58 所示的选中图形向右复制 1 份，复制距离适当，效果如图 2-59 所示。

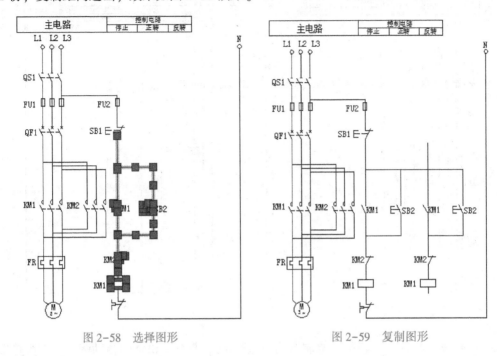

图 2-58　选择图形　　　　　　　　　　图 2-59　复制图形

14）单击"绘图"工具栏中"直线"命令按钮 ✏，绘制控制回路之间的连线，效果如图 2-60 所示。

15）单击"修改"面板中"修剪"命令按钮 ✂，修整控制回路线头，效果如图 2-61 所示。

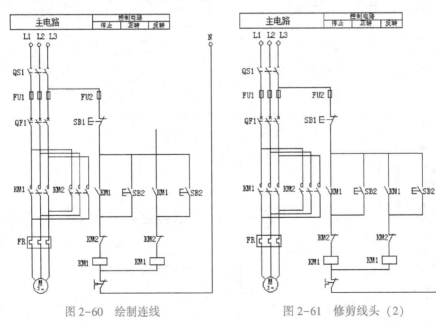

图 2-60　绘制连线　　　　　　　　　　图 2-61　修剪线头（2）

16）单击"修改"面板中"复制"命令按钮🐍，修改元器件文字符号，效果如图 2-62 所示。

17）单击"注释"面板中"多行文字"命令按钮 **A**，单击"修改"面板中"复制"命令按钮🐍，在控制回路中书写并且修改线号，效果如图 2-63 所示（详细图见资料库）。

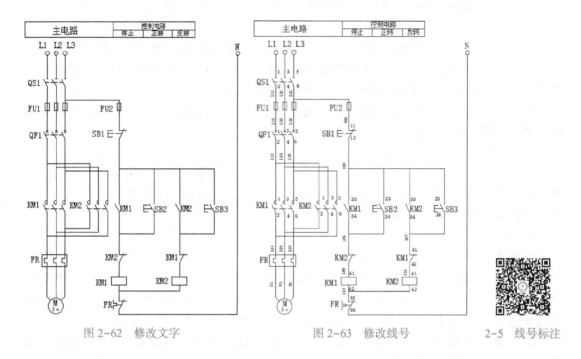

图 2-62　修改文字　　　　　　图 2-63　修改线号　　　　2-5　线号标注

⚙ **提速宝典**　一秒修改文字

方法：文字编辑状态下，〈Ctrl+A〉文字全选；〈Ctrl+B〉文字加粗；〈Ctrl+I〉文字倾斜；〈Ctrl+U〉文字加下画线。

任务 2.3　CA6140 型车床电气控制原理图的绘制

【教中学】

CA6140 型车床是卧式车床的一种，它的加工范围较广，但自动化程度低，适于小批量生产及修配车间使用。

1. CA6140 型车床电气控制要求

根据车床的运动情况和工艺要求，车床对电气控制提出如下要求：

1）主拖动电动机一般选用三相笼型异步电动机，并采用机械变速。

2）为了车削螺纹，主轴要求能够正、反转，小型车床由电动机正、反转来实现，CA6140 型车床则靠摩擦离合器来实现，电动机只作单向旋转。

3）一般中、小型车床的主轴电动机均采用直接起动。停车时为实现快速停车，一般采用机械制动或电气制动。

4）车削加工时，需用切削液对刀具和工件进行冷却。为此，设有一台冷却泵电动机，驱动冷却泵输出冷却液。

5）冷却泵电动机与主轴电动机有着联锁关系，即冷却泵电动机应在主轴电动机起动后才可选择起动与否；而当主轴电动机停止时，冷却泵电动机立即停止。

6）为实现溜板箱的快速移动，由单独的快速移动电动机拖动，且采用点动控制。

7）电路应有必要的保护环节、安全可靠的照明电路和信号电路。

2．CA6140 型车床的控制线路

CA6140 型车床的电气原理如图 2-154 所示。图中 M1 为主轴及进给电动机，驱动主轴和工件旋转，并通过进给机构实现车床的进给运动；M2 为冷却泵电动机，驱动冷却泵输出切削液；M3 为溜板快速移动电动机，驱动溜板实现快速移动。

1）主轴及进给电动机 M1 的控制。由起动按钮 SB1、停止按钮 SB2 和接触器 KM1 构成电动机单向连续运转、起动、停止电路。

2）冷却泵电动机 M2 的控制。

3）快速移动电动机 M3 的控制。由按钮 SB3 来控制接触器 KM3，进而实现 M3 的点动。操作时，先将快、慢速进给手柄扳到所需移动方向，即可接通相关的传动机构，再按下 SB3，即可实现该方向的快速移动。

4）保护环节。

① 电路电源开关是带有开关锁 SA2 的断路器 QF。机床接通电源时需用钥匙开关操作，再合上 QF，增加了安全性。当需合上电源时，先用开关钥匙插入 SA2 开关锁中并右旋，使 QS 线圈断电，再扳动断路器 QS 将其合上，机床电源接通。若将开关锁 SA2 左旋，则触头 SA2（03—13）闭合，QF 线圈通电，断路器跳开，机床断电。

② 打开机床控制配电盘壁龛门，自动切断机床电源。在配电盘壁龛门上装有安全行程开关 SQ，当打开配电盘壁龛门时，安全开关的触头 SQ2（03—13）闭合，使断路器线圈通电而自动跳闸，断开电源，确保人身安全。

③ 机床床头传动带罩处设有安全开关 SQ1，当打开传动带罩时，安全开关触头 SQ1（03—1）断开，将接触器 KM1、KM2、KM3 线圈电路切断，电动机将全部停止旋转，确保了人身安全。

④ 为满足打开机床控制配电盘壁龛门进行带电检修的需要，可将 SQ2 安全开关传动杆拉出，使触头（03—13）断开，此时 QF 线圈断电，QF 开关仍可合上。带电检修完毕，关上壁龛门后，将 SQ2 开关传动杆复位，SQ2 保护作用照常起作用。

⑤ 电动机 M1、M2 由 FU 热继电器 FR1、FR2 实现电动机长期过载保护；断路器 QS 实现电路的过流、欠压保护；熔断器 FU、FU1～FU6 实现各部分电路的短路保护。此外，还设有 EL 机床照明灯和 HL 信号灯进行刻度照明。

【做中学】

CA6140 型车床电气控制原理图应先绘制主电路，然后绘制控制电路，完成绘制电气控制原理图。

1．主线路

CA6140 型车床上有 3 台电动机，因此应先完成一个电动机的线路，然后绘制另外两台电动机的线路。绘制步骤如下。

1）从以前绘制的图形中复制如图 2-64 所示电气元器件符号。

2）双击电动机符号中间的文字"M"，在屏幕上出现的多行文字编辑器中把文字 M 改成"M1 3~"，效果如图 2-65 所示。

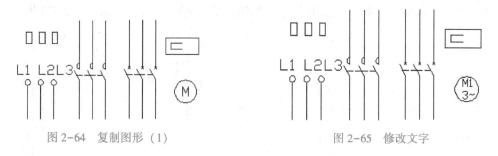

图 2-64 复制图形（1）   图 2-65 修改文字

3）单击"修改"面板中"移动"命令按钮 ✛，修整图形之间的位置，形成三相线路，效果如图 2-66 所示。

4）单击"绘图"面板中"直线"命令按钮 ∕，绘制主供电回路到电动机符号圆心的连线，效果如图 2-67 所示。

5）单击"修改"面板中"修剪"命令按钮 ⊬，以电动机符号外圆为修剪边，修剪掉线头，效果如图 2-68 所示。

6）单击"修改"面板中"拉伸"命令按钮 ⬚，起点在拉伸图像右下角，向左上方拉动，如图 2-69 所示，调整图像大小，便于下一步绘图操作，效果如图 2-70 所示。

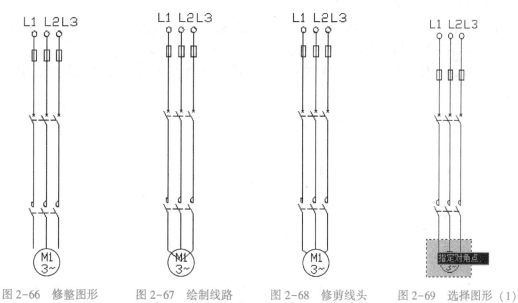

图 2-66 修整图形   图 2-67 绘制线路   图 2-68 修剪线头   图 2-69 选择图形（1）

🔧 **技巧宝典** *快速去除 CAD 选择套索*

方法：新手发现矩形窗选不好用时，可以在命令行输入 OP，在出现的"选项"对话框中，选中"选择集"选项卡，然后找到选择集模式中的"隐含选择窗口中的对象"，将其前面小方框中的对号去掉，这样矩形窗选就可以用了。

7）单击"修改"面板中"移动"命令按钮 ✛，以热继电器符号下边中心点为移动基准点,以圆上象限点为移动目标点执行移动操作,效果如图 2-71 所示。

8)单击"修改"面板中"移动"命令按钮 ✛,把热继电器向上方移动,移动距离适当,效果如图 2-72 所示。

9)单击"修改"面板中"修剪"命令按钮 ⊶,修剪掉线头,效果如图 2-73 所示。

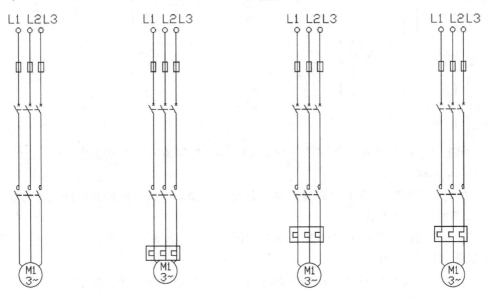

图 2-70　调整图形　　图 2-71　移动热继电器　　图 2-72　再移动热继电器　　图 2-73　修剪图形(1)

10)单击"修改"面板中"镜像"命令按钮 ⚠,以中线为对称轴,把如图 2-74 所示虚线图形对称复制一份,删除原图形,效果如图 2-75 所示。

11)单击"修改"面板中"拉伸"命令按钮 ▧,把如图 2-76 所示部分向左适当缩短,效果如图 2-77 所示。

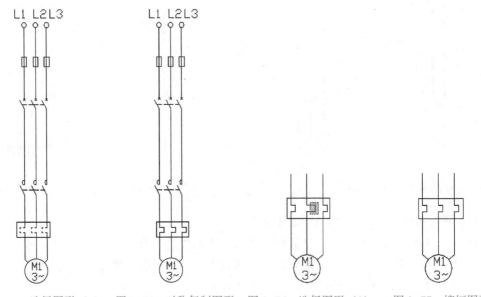

图 2-74　选择图形(2)　　图 2-75　对称复制图形　　图 2-76　选择图形(3)　　图 2-77　缩短图形

12）单击"修改"面板中"复制"命令按钮 ❄ ，以图2-78所示端点为复制基准点，以左线、右线垂足为复制目标点，把虚线所示部分的图形复制两份，效果如图2-79所示。

13）单击"修改"面板中"拉伸"命令按钮 ▯ ，把如图2-80所示框选的图形拉伸，效果如图2-81所示。

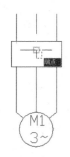 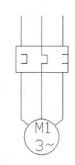 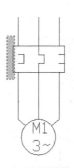 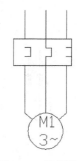

图2-78 捕捉端点（1）　　图2-79 复制图形（2）　　图2-80 选择图形（4）　　图2-81 拉长图形

14）单击"修改"面板中"移动"命令按钮 ✛ ，以热继电器符号矩形上边中心点为移动基准点，以极轴中线为移动目标点移动，效果如图2-82所示。

15）单击"修改"面板中"延伸"命令按钮 ⊣ ，以图2-83所示的虚线图形为延伸边界边，延伸光标所示的上下边线头，效果如图2-84所示。

16）单击"绘图"面板中"直线"命令按钮 ╱ ，在"特性"面板中选择"虚线"，绘制起点如图2-85所示的中点，目标点为如图2-86所示中点的直线，效果如图2-87所示。

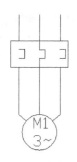 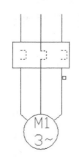 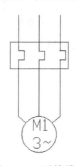 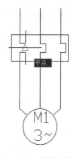

图2-82 移动矩形　　图2-83 选择图形（5）　　图2-84 延伸线头　　图2-85 捕捉起点

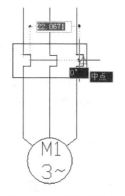 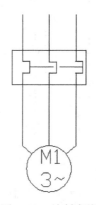

图2-86 捕捉目标点　　图2-87 绘制直线

17）单击"修改"面板中"复制"命令按钮🔲，把如图 2-88 所示虚线部分向右复制两份，复制距离适当，效果如图 2-89 所示。

18）单击"修改"面板中"删除"命令按钮🔲，删除第三台电动机线路上的热继电器符号；单击"绘图"面板中"直线"命令按钮🔲，绘制主回路之间的连线，效果如图 2-90 所示。

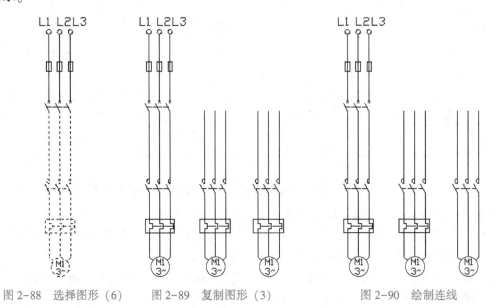

图 2-88　选择图形（6）　　图 2-89　复制图形（3）　　　　图 2-90　绘制连线

19）单击"绘图"面板中"直线"命令按钮🔲，绘制如图 2-91 所示端点和如图 2-92 所示的垂足直线，效果如图 2-93 所示。

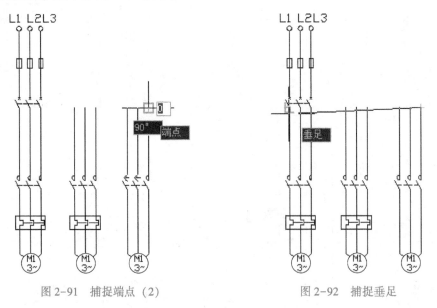

图 2-91　捕捉端点（2）　　　　　　　图 2-92　捕捉垂足

20）单击"修改"面板中"复制"命令按钮🔲，把刚才绘制的直线向下复制两份，效果如图 2-94 所示。

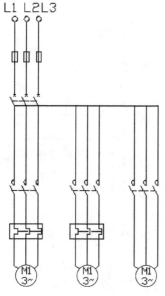

图 2-93 连接直线

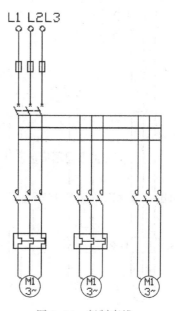

图 2-94 复制直线

21）单击"修改"面板中"修剪"命令按钮，修剪线路，效果如图 2-95 所示。

22）单击"修改"面板中"复制"命令按钮，复制熔断器符号，分别向 2、3 电动机符号各复制一份，效果如图 2-96 所示。

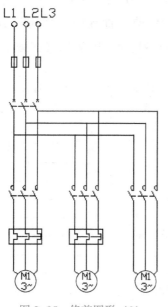

图 2-95 修剪图形（2）

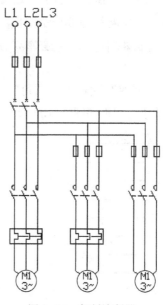

图 2-96 复制熔断器

23）单击"注释"面板中"多行文字"命令按钮 **A**，单击"修改"面板中"复制"命令按钮，在元器件旁书写文字及各个元器件的代号，效果如图 2-97 所示。

24）单击"绘图"面板中"直线"命令按钮，绘制接地线，效果如图 2-98 所示。

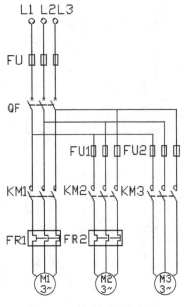

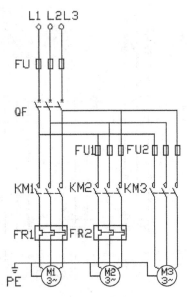

图 2-97　书写元器件符号　　　　　　　　图 2-98　绘制接地线

2. 控制电路

控制电路执行复杂的逻辑功能，因此线路比较复杂。但根据线路两端的接线位置，也可以划分为若干条支线。下面先绘图，然后再加以标注。绘制步骤如下。

1）首先绘制控制线路使用的变压器线路。单击"绘图"工具栏中"直线"命令按钮 ，绘制一条长度约为 50 的水平直线，单击"修改"面板中"阵列"命令按钮▣，在"阵列"对话框中，把直线阵列设置为 8 行 1 列，行距为 12.5，效果如图 2-99 所示。

2）单击"修改"面板中"圆角"命令按钮◻，然后单击如图 2-100 所示的虚线右边，创建一个半圆角，效果如图 2-101 所示。

图 2-99　阵列直线（1）　　　图 2-100　选择直线（1）　　　图 2-101　创建半圆角

3）参照上面的做法，单击"修改"面板中"圆角"命令按钮◻，创建其他半圆角，效果如图 2-102 所示。

4）单击"修改"面板中"删除"命令按钮✎，删除如图 2-103 所示虚线，效果如图 2-104 所示。

图 2-102　创建其他半圆角　　　图 2-103　选择直线（2）　　　图 2-104　删除直线（1）

技巧宝典　〈Shift〉键减选功能

方法：按住〈Shift〉键，选择多选的内容，即可去掉多选图形。

5）单击"绘图"工具栏中"直线"命令按钮 ✎，绘制上下两条直线与上下两个半圆端点连接的两条直线，效果如图 2-105 所示。

6）单击"修改"面板中"镜像"命令按钮 ◭，把圆弧组向右对称复制一份，效果如图 2-106 所示。

7）单击"修改"面板中"复制"命令按钮 ⅋，把圆弧组上下分别复制一份，复制距离为 80，效果如图 2-107 所示。

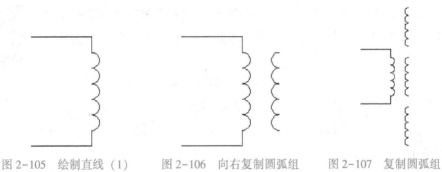

图 2-105　绘制直线（1）　　　图 2-106　向右复制圆弧组　　　图 2-107　复制圆弧组

8）单击"修改"面板中"复制"命令按钮 ⅋，以图 2-108 所示的虚线直线的左端点为复制基准点，向半圆组复制，复制 6 份，效果如图 2-109 所示。

9）单击"绘图"工具栏中"直线"命令按钮 ✎，绘制如图 2-110 所示的两个端点的连线，效果如图 2-111 所示。

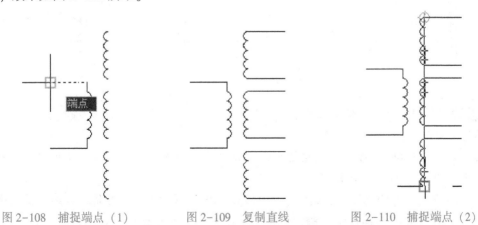

图 2-108　捕捉端点（1）　　　图 2-109　复制直线　　　图 2-110　捕捉端点（2）

10）单击"修改"面板中"移动"命令按钮✛，把第9）步绘制的直线向左移动到圆弧组中间，效果如图2-112所示。

11）单击"修改"面板中"拉伸"命令按钮，把第10）步绘制的直线分别向上、下适当拉长，效果如图2-113所示。

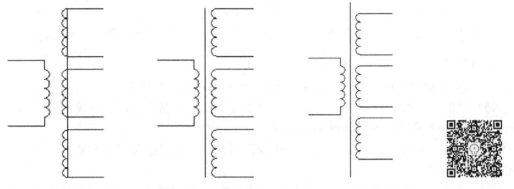

图2-111　绘制直线（2）　　图2-112　移动直线　　图2-113　拉长直线　　2-6　变压器绘制

12）绘制指示灯。单击"绘图"面板中"圆"命令按钮⊘，绘制Φ30圆。单击"绘图"工具栏中"直线"命令按钮，绘制水平直径，效果如图2-114所示。

13）单击"修改"面板中"阵列"命令按钮，选择"环形阵列"，选择　2-7　指示灯对象为圆直径线，中心点为圆心，项目总数为8，效果如图2-115所示。　　　　绘制

14）单击"修改"面板中"删除"命令按钮，删除圆中横、竖两条直线，效果如图2-116所示。

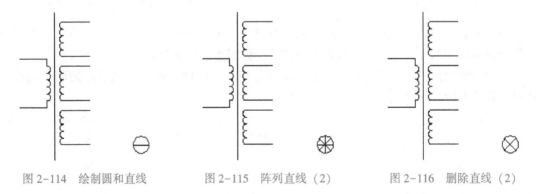

图2-114　绘制圆和直线　　　图2-115　阵列直线（2）　　　图2-116　删除直线（2）

🔘 **提速宝典**　*一秒删除重复线*

命令：OV

方法：命令行输入OV后，框选图形，在出现的"删除重复对象"对话框中将"公差"改为"1"，单击"确定"按钮即可。

15）从以前绘制的图形中复制如图2-117所示的电气元器件，准备组成第一条线路。

16）单击"修改"面板中"旋转"命令按钮↻，把矩形按图2-118所示旋转。

17）单击"修改"面板中"移动"命令按钮✛，把贴入的元器件符号组合起来，效果如图 2-119 所示。

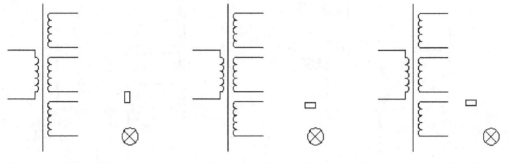

图 2-117　复制元器件（1）　　　图 2-118　旋转矩形　　　图 2-119　组合元器件符号（1）

18）单击"绘图"工具栏中"直线"命令按钮✏，连接导线，效果如图 2-120 所示。

19）从以前绘制的图形中复制如图 2-121 所示的电气元器件，准备组成第二条线路。

20）单击"修改"面板中"移动"命令按钮✛，把贴入的元器件符号组合起来，效果如图 2-122 所示。

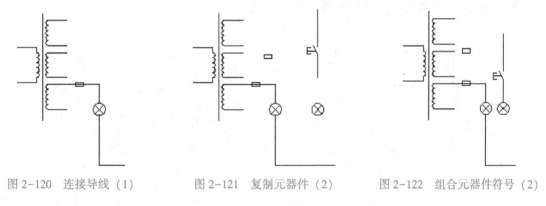

图 2-120　连接导线（1）　　　图 2-121　复制元器件（2）　　　图 2-122　组合元器件符号（2）

21）单击"修改"面板中"圆角"命令按钮⬜，在如图 2-123 所示的虚线和光标所指的直线之间倒圆角，连接导线，效果如图 2-124 所示。

22）从以前绘制的图形中复制如图 2-125 所示的电气元器件符号，准备绘制第三条线路。

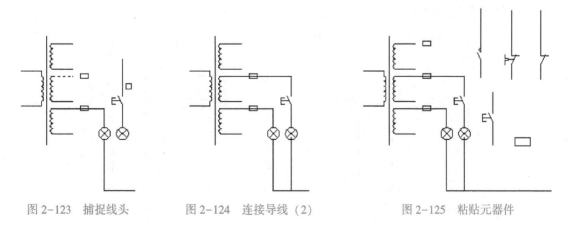

图 2-123　捕捉线头　　　　图 2-124　连接导线（2）　　　　图 2-125　粘贴元器件

23）单击"绘图"面板中"直线"命令按钮 ✐，以如图 2-126 所示的端点为起点，绘制折线行程开关上的小三角形，效果如图 2-127 所示。

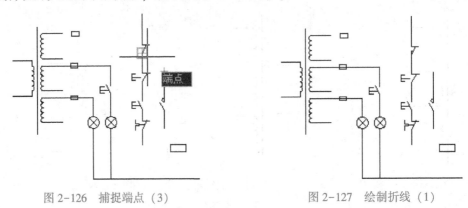

图 2-126　捕捉端点（3）　　　　　图 2-127　绘制折线（1）

24）单击"修改"面板中"拉伸"命令按钮 ◨，单击"修改"面板中"移动"命令按钮 ✛，把元器件图形组成线路，效果如图 2-128 所示。

25）单击"修改"面板中"圆角"命令按钮 ◗，把如图 2-129 所示的虚线和光标所指的直线倒圆角，连接导线，效果如图 2-130 所示。

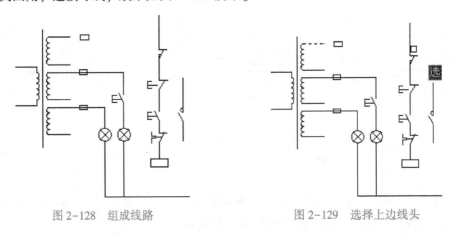

图 2-128　组成线路　　　　　　　图 2-129　选择上边线头

26）单击"修改"面板中"修剪"命令按钮 ⊹，以图 2-131 所示虚线为修剪边，修剪掉线头，效果如图 2-132 所示。

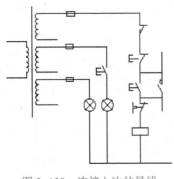
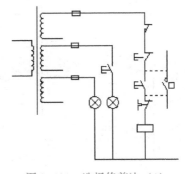

图 2-130　连接上边的导线　　　　　图 2-131　选择修剪边（1）

27）单击"修改"面板中"复制"命令按钮 ，把如图 2-133 所示的虚线图形向右复制一份，效果如图 2-134 所示。

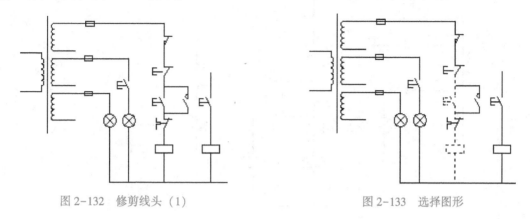

图 2-132 修剪线头（1）　　　　　　　　图 2-133 选择图形

28）单击"绘图"面板中"直线"命令按钮 ，绘制直线，效果如图 2-135 所示。

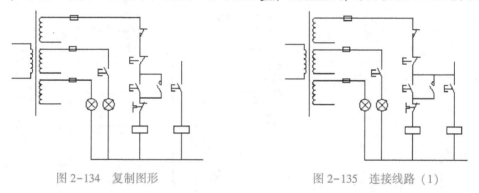

图 2-134 复制图形　　　　　　　　图 2-135 连接线路（1）

29）单击"修改"面板中"修剪"命令按钮 ，以图 2-136 所示虚线直线为修剪边，修剪掉光标旁边的线头，效果如图 2-137 所示。

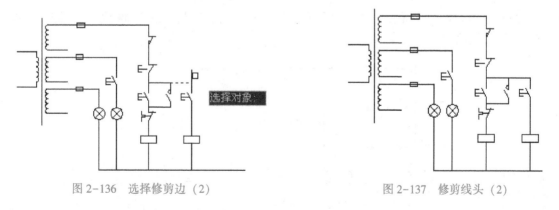

图 2-136 选择修剪边（2）　　　　　　　　图 2-137 修剪线头（2）

30）单击"修改"面板中"复制"命令按钮 ，向右复制如图 2-138 所示的图形，准备绘制新的线路。

31）单击"修改"面板中"镜像"命令按钮 ，把如图 2-139 所示虚线向左复制一份，删除原图，效果如图 2-140 所示。

32）单击"绘图"面板中"直线"命令按钮 ✐，连接线路，效果如图 2-141 所示。

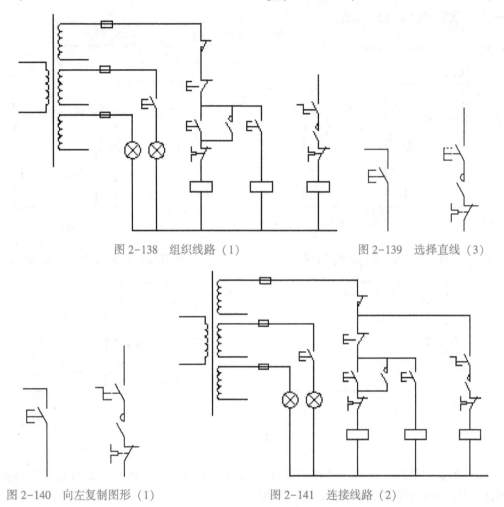

图 2-138 组织线路（1）　　　　　图 2-139 选择直线（3）

图 2-140 向左复制图形（1）　　　图 2-141 连接线路（2）

33）单击"修改"面板中"复制"命令按钮 ❀，向右复制如图 2-142 所示的图形，准备绘制新的线路。

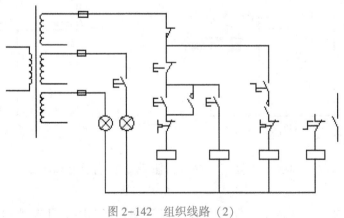

图 2-142 组织线路（2）

34）单击"绘图"工具栏中"直线"命令按钮 ，以图 2-143 所示的端点为起点，绘制折线行程开关上的小三角形，效果如图 2-144 所示。

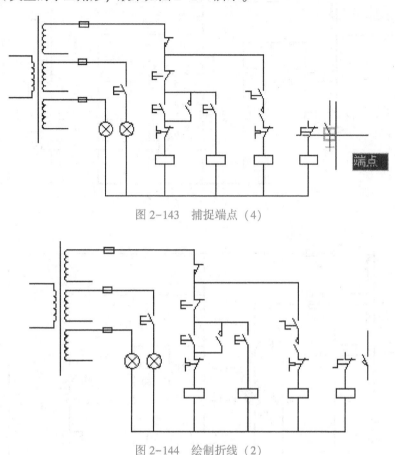

图 2-143 捕捉端点（4）

图 2-144 绘制折线（2）

35）单击"修改"面板中"镜像"命令按钮 ，把如图 2-145 所示选中的线向左镜像一份，删除原对象，效果如图 2-146 所示。

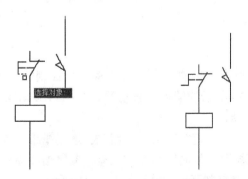

图 2-145 选择直线（4） 图 2-146 对称复制图形（2）

36）单击"绘图"面板中"直线"命令按钮 ，绘制接地线。单击"绘图"面板中"直线"命令按钮 ，连接线路，效果如图 2-147 所示。

37）单击"注释"面板中"多行文字"命令按钮 **A**，单击"修改"面板中"复制"命令按钮，在元器件旁书写文字及各个元器件的代号，效果如图 2-148 所示。

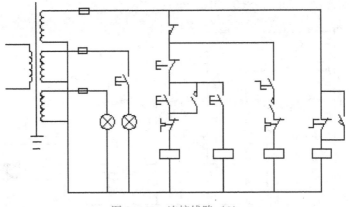

图 2-147 连接线路（3）

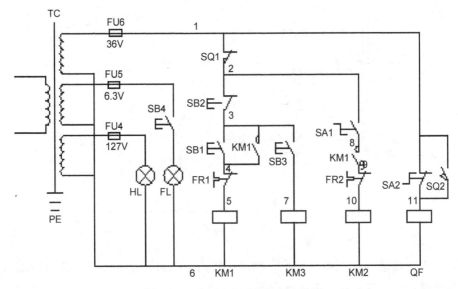

图 2-148 书写注释后的控制电路图

3. 整幅电路图

操作步骤如下：

1）单击"修改"面板中"移动"命令按钮，把控制线路图以图 2-149 所示的端点为移动基准点，以图 2-150 所示的端点为移动目标点执行移动操作。经移动的地线处于共线位置，效果如图 2-151 所示。

2）单击"绘图"面板中"直线"命令按钮，连接线路，效果如图 2-152 所示。

3）单击"修改"面板中"复制"命令按钮，复制熔断器符号，以左边中心点为移动基准点，向上面绘制的线路复制两份，效果如图 2-153 所示。

4）单击"注释"面板中"多行文字"命令按钮 **A**，在绘制的熔断器符号上方书写文字"FU3"，效果如图 2-154 所示（详细图见资料库）。

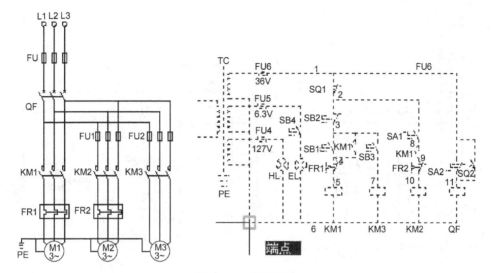

图 2-149 捕捉端点

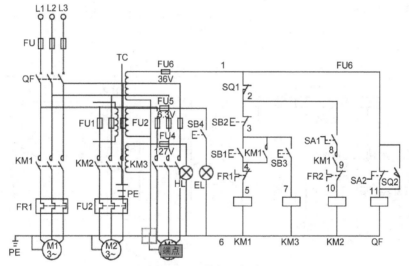

图 2-150 捕捉目标点

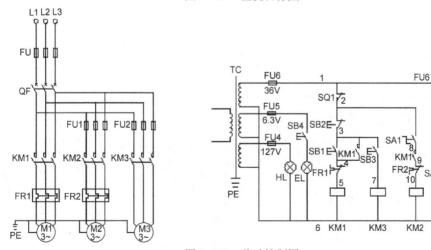

图 2-151 移动控制图

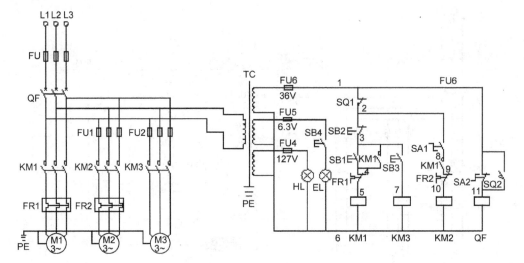

图 2-152　连接线路

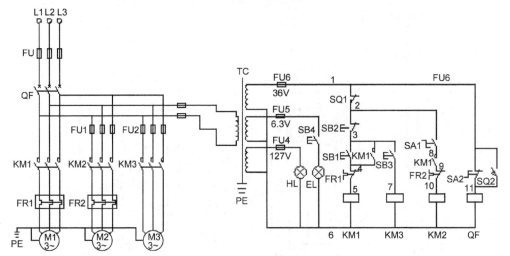

图 2-153　复制熔断器

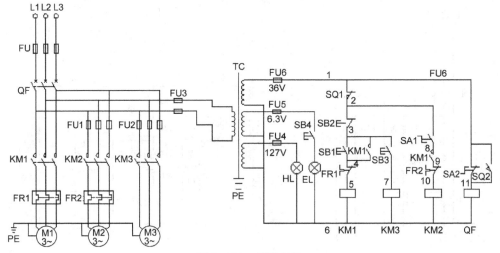

图 2-154　书写文字

任务 2.4　ACE 电气控制原理图的绘制

【教中学】

　　AutoCAD Electrical 简称 ACE，是在 AutoCAD 通用平台上二次开发的专业软件。ACE 软件除包含 AutoCAD 的全部功能外，还增加了一系列用于自动完成电气控制工程设计任务的工具，如创建原理图、导线编号、生成物料清单等。下面以 ACE 2018 版本为例，介绍 ACE 2018 的初始界面、操作界面，如图 2-155、图 2-156 所示。

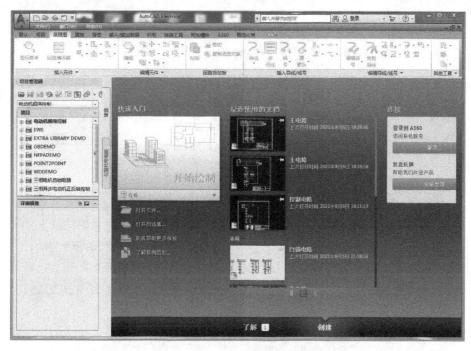

图 2-155　ACE 2018 初始界面

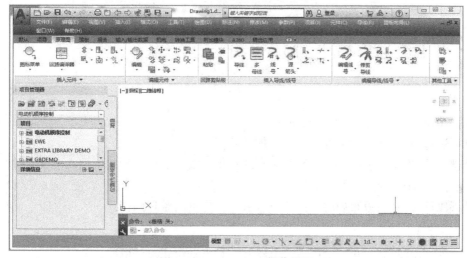

图 2-156　ACE 2018 操作界面

ACE 2018 功能区各选项卡简介：如图 2-157~图 2-161 所示。

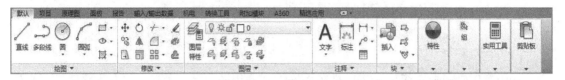

图 2-157　ACE 2018 功能区-"默认"选项卡

图 2-158　ACE 2018 功能区-"项目"选项卡

图 2-159　ACE 2018 功能区-"原理图"选项卡

图 2-160　ACE 2018 功能区-"面板"选项卡

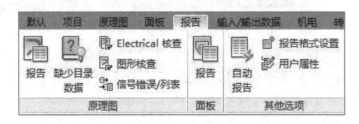

图 2-161　ACE 2018 功能区-"报告"选项卡

ACE 2018 电气绘图的工作步骤如下：

【步骤一】新建项目，按设计要求添加图纸。

【步骤二】绘制原理图。首先绘制多导线和单导线，然后在导线中插入电气元件。

【步骤三】编辑导线、元件和线号。

【步骤四】绘制面板布局图，出统计报表，图样资料整理归档。

【做中学】

用 ACE 2018 绘制三相电动机自锁电路及三相电动机正反转电路。

1. 三相电动机自锁主电路和控制电路的绘制

1）双击计算机桌面图标，打开 ACE 2018。新建"三相电动机自锁电路"项目，选择ACE_GB_a1.dwt模板，单击"原理图"选项卡中"多母线"命令图标按钮，效果如图 2-162、图 2-163 所示。

2）单击"原理图"选项卡中"导线"命令图标按钮，绘制效果如图 2-164 所示。

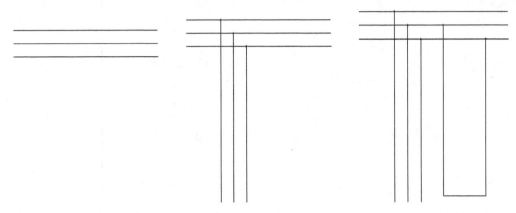

图 2-162　绘制三相母线（1）　　图 2-163　绘制三相母线（2）　　图 2-164　绘制单导线

3）单击"原理图"选项卡中"图标菜单"命令图标按钮，依次在主电路中插入 QF1，FU1，FR1，电动机 M1，效果如图 2-165 所示，再依次在控制电路中放置元器件。电气元件选择见表 2-1，效果如图 2-166 所示。

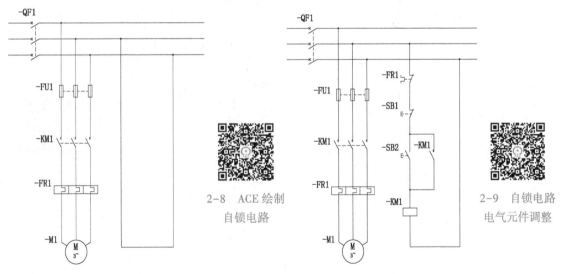

2-8　ACE 绘制
自锁电路

图 2-165　主电路放置元器件　　　　图 2-166　控制电路放置元器件

2-9　自锁电路
电气元件调整

4）单击"原理图"选项卡中"线号"命令图标按钮，在三相母线和控制电路导线旁标上放置线号，效果如图 2-167 和图 2-168 所示。

5）整体效果如图 2-169 所示。图中电气元件引脚没有标号，选中元件，鼠标右击，在弹出的快捷菜单中选择"编辑元件"，为每个元件引脚放置标号，效果图如图 2-170 所示。

三相电动机自锁电路电气图库元器件清单见表 2-1。

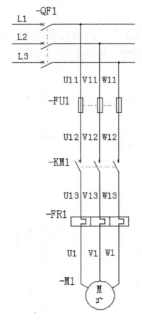

图 2-167　主电路放置线号　　　　　图 2-168　控制电路放置线号

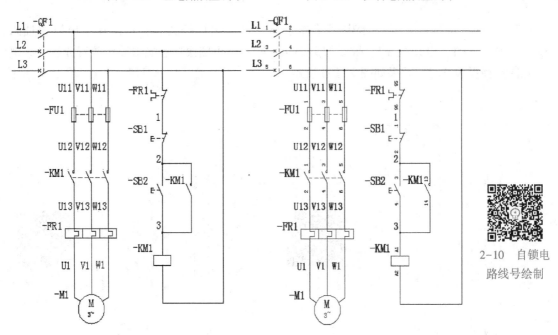

图 2-169　整体效果图　　　　　图 2-170　放置引脚标号整体效果图

2-10　自锁电路线号绘制

表 2-1　电气图库元器件清单

元器件代号	原理图符号目录	分　类	子　分　类
QF1	断路器/隔离开关	三极断路器	断路器
FU1	熔断器/变压器/电抗器	熔断器	三极熔断器

(续)

元器件代号	原理图符号目录	分 类	子 分 类
KM1 主触点	电动机控制	电动机起动器	带三极常开触点的电动机
FR1 主触点	电动机控制	三极过载	
M1	电动机控制	三相电动机	三相电动机
FU2	熔断器/变压器/电抗器	熔断器	熔断器
FR1 辅助常闭触点	电动机控制	多极过载，常闭触点	
SB1	按钮	瞬动型常闭按钮	
SB2	按钮	瞬动型常开按钮	
KM1 辅助常开触点	电动机控制	电动机起动器	带单极常开触点的电动机
KM1 线圈	电动机控制	电动机起动器	电动机起动器

2. 绘制单台电动机的正反转控制原理图

在绘制三相电动机自锁电路的基础上，接着绘制单台电动机的正反转控制原理图，从而进一步掌握电动机控制的多张图样绘图方法。

绘制步骤如下：

1) 双击计算机桌面图标，打开 ACE 2018。

2) 新建项目"三相异步电动机正反转控制"，在该项目下新建两个图形，分别是"主电路"和"控制电路"，效果如图 2-171 所示。

图 2-171　新建项目

3) 选择模板 ACE_GB_a3.dwt。

4) 单击"原理图"选项卡中"多母线"命令图标按钮，效果如图 2-172~图 2-174 所示。

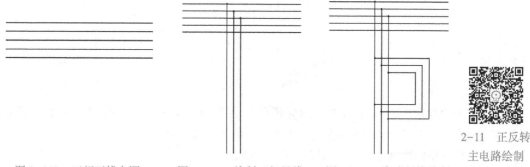

2-11　正反转
主电路绘制

图 2-172　三相五线电源　　图 2-173　绘制三相母线　　图 2-174　完成母线绘制

5）在"主电路"图样中，单击"原理图"选项卡中"图标菜单"命令图标按钮 🔍，依次在主电路中插入 QF1，FU1，KM1，KM2，FR1，电动机 M1，然后依次放置线号，效果如图 2-175 和图 2-176 所示。

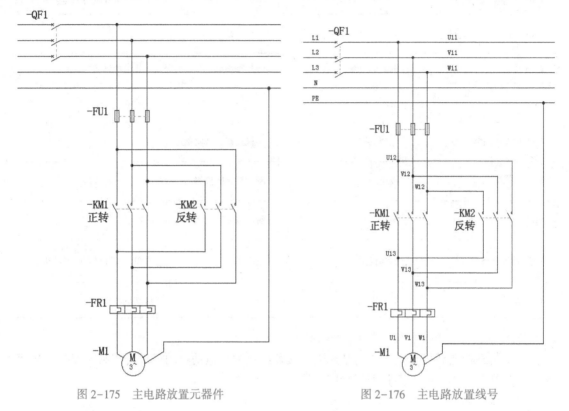

图 2-175　主电路放置元器件　　　　　　　　图 2-176　主电路放置线号

6）切换到"控制电路"图样，单击"原理图"选项卡中"多母线"命令图标按钮 ▤ 及"导线"命令图标按钮 ╮，绘制母线和连接导线，效果如图 2-177～图 2-179 所示。

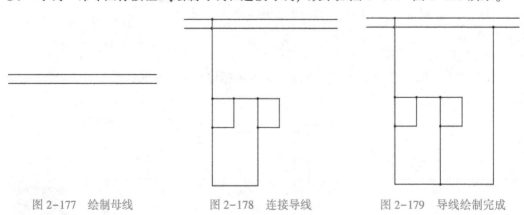

图 2-177　绘制母线　　　　　图 2-178　连接导线　　　　图 2-179　导线绘制完成

7）单击"原理图"选项卡中"图标菜单"命令图标按钮 🔍，在控制电路中放置元器件，效果如图 2-180 所示。然后依次放置线号，效果如图 2-181 所示。

8）项目完整的图样，如图 2-182、图 2-183 所示。

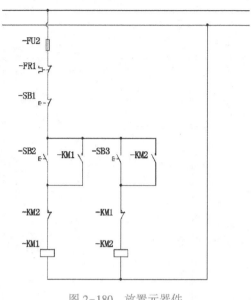

图 2-180　放置元器件

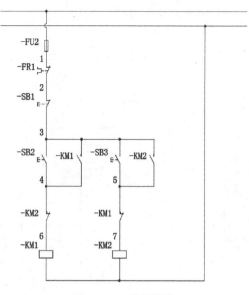

图 2-181　放置线号

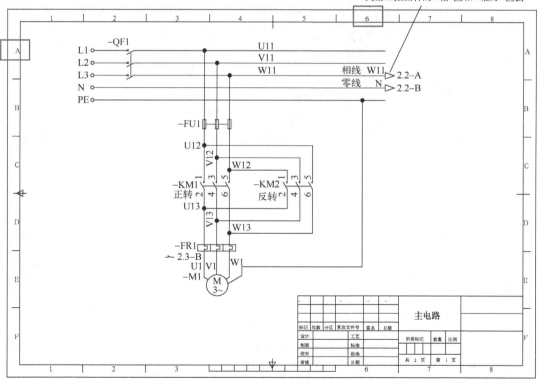

图 2-182　主电路图样

2-12　源箭头绘制

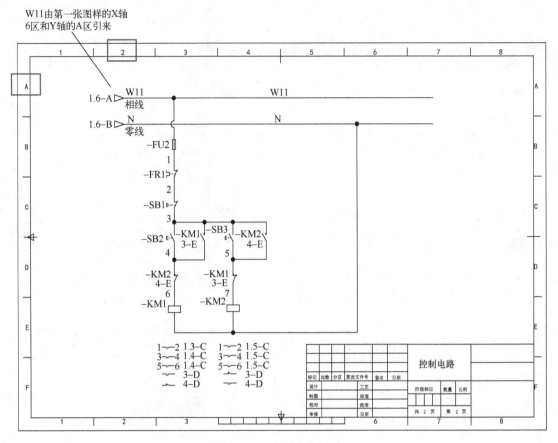

图 2-183　控制电路图样

项目三 控制柜、屏、箱电气图的绘制

知识目标	能力目标	素质目标
了解 PT 的含义，了解 PT 及避雷器柜的应用场合；掌握 PT 及避雷器柜原理图的绘制所应该考虑的参数及技术指标；将民宅进线柜、水泵控制屏、炉前仪表箱等工程实践与软件操作有机结合起来	培养学生： 1. 分析问题、解决问题的能力 2. 查阅各类相关资料手册的能力 3. 制定视图表达方案的能力	1. 提倡"劳动光荣、技能宝贵"的新时代价值观 2. 培养学生树立正确"三观"，塑造良好人格，实现个人发展 3. 倡导"工业立国、制造兴邦"思想

黄炎培是我国近代职业教育创始人，他将职业教育的目的由"个人谋生"上升到"服务社会""尽其对群的义务"，并高度概括为"敬业乐群"四个字（中华职业学校的校训）。所谓"敬业"就是热爱自己的职业，勤学苦练，献身事业，有责任心、事业心等。"乐群"是指具有良好的人际关系和团队精神，同学之间能互励合作，共同提高，做到"利居众后，责在人先"。

"敬业乐群"的思想与新时代高职院校强调的"课程思政"改革有着相同的价值取向。黄炎培职业道德教育思想提出距今一百多年，对比高职院校开展"课程思政"改革活动精神，依然符合中国国情，对新时期高职院校思想政治教育具有现实指导意义。现在的商业与百年前的商业相比已经发生了翻天覆地的变化，商业的全球化，使得竞争更为激烈，"服务"已经成为企业乃至政府部门的一种核心竞争力。"敬业乐群"被标以现代的标签：服务意识、团队精神、大局意识、创新意识……。职业院校学生更是要有"敬业乐群"的精神，强化"三观"的培养，强化服务意识，团队精神力量，担当精神、历史责任感等素质。

本项目的四个任务中的电气控制装置图均是制造行业常见的。我国是制造大国，在制造业中，电气控制装置虽然占行业的投入不到 10%，却是衡量其电气自动化水平高低的重要标志。希望读者本着"敬业乐群"的思想，投身到我国的制造业中，为祖国的经济发展做出贡献！

任务 3.1 XGN2-12 PT 及避雷器柜原理图的绘制

【教中学】

1. PT 简介

PT 即电压互感器，英文拼写 Phase voltage Transformers，是将一次侧的高电压按比例变为适合仪表或继电器使用的额定电压为 100 V 的变换设备。电磁式电压互感器的工作原理和变压器相同，称作 TV 或 YH（旧符号）。

工作特点和要求：①一次绕组与高压电路并联；②二次绕组不允许短路（短路电流会烧毁 PT），装有熔断器。

接线形式有：单相接线、V-V 接线、Y-Y 接线、Y0/Y0/△接线。

2. PT 柜

PT 柜：电压互感器柜，一般是直接装设到母线上，以检测母线电压并实现保护功能。内部主要安装电压互感器 PT、隔离刀、熔断器和避雷器等。

PT 柜作用：①电压测量，提供测量表、计量表的电压回路；②可提供操作和控制电源；③每段母线过电压保护器的装设；④继电保护的需要，如母线绝缘、过压、欠压、备自投条件等。

高压柜屏顶电压小母线的电源就是由 PT 柜提供的，PT 柜内既有测量 PT 又有计量 PT。原先都是要求测量 PT 和计量 PT 分开，因为规范规定计量用互感器的等级要高于保护用互感器的等级，但现在如没有特殊要求也有不分开的，可以共用。

【做中学】

本任务绘制型号为 XGN2-12PT 及避雷器柜结构原理图，包括对其中一些元件的型号、规格及数量的说明，如凝露控制器、信号继电器、转换开关、弹簧操作机构等。

1. PT 及避雷器柜避雷器进线的绘制

绘制如图 3-1 所示的避雷器进线示意图。

绘制步骤：

1）绘制隔离开关、保护开关及外接地保护线路如图 3-2 所示。

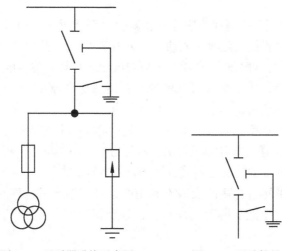

图 3-1　避雷器进线示意图　　　　图 3-2　开关符号

2）绘制三相变压器。单击"圆"按钮 ⊘，绘制 $\Phi5$ 的圆。在命令行输入 ARRAYCLASSIC，按〈Enter〉键，在弹出的如图 3-3 所示的"阵列"对话框中，选择"环形阵列"方式，"项目总数"为 3，然后选取中心点，单击"确定"按钮。效果如图 3-4 所示。

【提示】中心点的选取要准确，否则结果差别较大。选择中心点时，可先将对象捕捉功能设为"关"，这时光标可以放置在任意位置。此操作完成后，再将对象捕捉功能设为"开"，防止对其他操作产生影响。

3）绘制避雷器符号，效果如图 3-5 所示。

4）绘制熔断器符号，效果如图 3-6 所示。

5）将以上几个电器符号放在同一页面中，调整各符号的大小比例，然后连接，效果如图 3-1 所示。

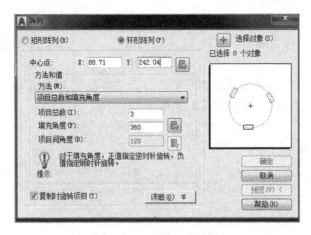

图3-3 "阵列"对话框

3-1 三相变压
器符号绘制

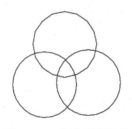

图3-4 三相变压器符号

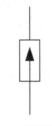

图3-5 避雷器符号

图3-6 熔断器符号

2. PT及避雷器柜电压互感器柜内原理图

绘制如图3-7所示的PT柜原理图。

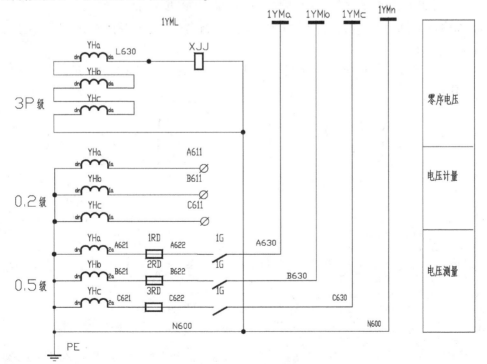

图3-7 PT柜原理图

绘制步骤如下：

1）单击"图层特性管理器"按钮，弹出如图 3-8 所示图层特性管理器，添加新图层并设置颜色。

2）绘制电感线圈作为电压互感器符号。单击"多段线"按钮，用多段线绘制一个长为 3，线宽为 0.3 的线段，效果如图 3-9 所示。

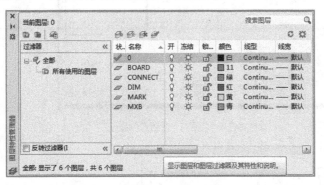

3-2　图层的

新建和删除　　　　　　　　　　　图 3-8　图层设置　　　　　图 3-9　多段线　　　设置

按命令行的提示进行如下操作：

```
命令：_pline
指定起点：
当前线宽为 0.0000
指定下一个点或 [圆弧(A)/半宽(H)/长度(L)/放弃(U)/宽度(W)]：w
指定起点宽度 <0.0000>：0.3
指定端点宽度 <0.3000>：
指定下一个点或 [圆弧(A)/半宽(H)/长度(L)/放弃(U)/宽度(W)]：
```

3）单击"阵列"按钮，选择"矩形阵列"，将多段线水平阵列 4 根，列偏距为 5，效果如图 3-10 所示。

4）单击"多段线"按钮，绘制一个圆弧，效果如图 3-11 所示。按命令行的提示进行如下操作：

图 3-10　"阵列"多段线　　　　　　图 3-11　用多段线绘制圆弧

```
命令：_pline
指定起点：(左侧线的上端点)
当前线宽为 0.3000
指定下一个点或 [圆弧(A)/半宽(H)/长度(L)/放弃(U)/宽度(W)]：w
指定起点宽度 <0.3000>：0.3
指定端点宽度 <0.3000>：0.3 圆弧宽为 0.3)
指定下一个点或 [圆弧(A)/半宽(H)/长度(L)/放弃(U)/宽度(W)]：a
指定圆弧的端点或[角度(A)/圆心(CE)/方向(D)/半宽(H)/直线(L)/半径(R)/第二个点(S)/放弃(U)/宽度(W)]：(左侧第二根线上端点)
指定圆弧的端点或[角度(A)/圆心(CE)/闭合(CL)/方向(D)/半宽(H)/直线(L)/半径(R)/第二个点(S)/放弃(U)/宽度(W)]：*取消*
```

5）单击"阵列"按钮⊞，将圆弧水平阵列 3 列，列偏距为 5，效果如图 3-12 所示。

6）将图 3-12 所示的中间两根直线删除，得到如图 3-13 所示的电压互感器符号。

图 3-12 "阵列"圆弧

图 3-13 电压互感器符号

3-4 电压互感器绘制

7）将电压互感器符号复制 2 份，并用直线连接电压互感器符号成角形连接。效果如图 3-14 所示。

8）绘制节点。在图 3-14 的适当位置绘制一个 $\Phi0.75$ 的圆，并将其填充为黑色。效果如图 3-15 所示。

9）以图 3-15 中节点的圆心为起点绘制接地小母线，效果如图 3-16 所示。

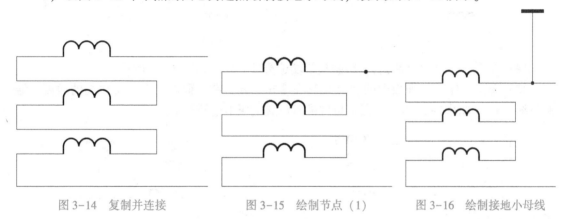

图 3-14 复制并连接   图 3-15 绘制节点（1）   图 3-16 绘制接地小母线

10）绘制电磁线圈。单击"矩形"按钮▭，绘制 3×6 的矩形，输入 w，长度输入 "3"，宽度输入 "6"。效果如图 3-17 所示。

11）单击"移动"按钮✛，将图 3-17 中的矩形移动到图 3-16 中适当位置（注意上下对称），并用直线连接，效果如图 3-18 所示。

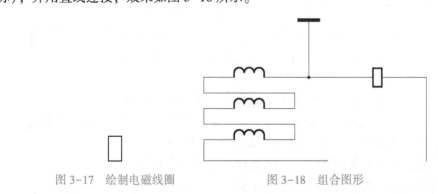

图 3-17 绘制电磁线圈   图 3-18 组合图形

12）单击"复制"按钮🗒，将三组线圈符号一起向下复制两份，距离分别为 40，72。效果如图 3-19 所示。

13）单击"绘图"面板中的"直线"命令按钮╱，在中间三个电感线圈的两侧，绘制直线，长分别为 10，35。效果如图 3-20 所示。

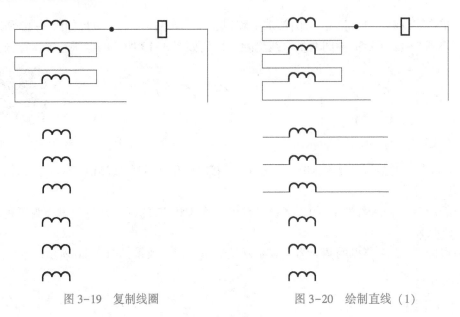

图 3-19　复制线圈　　　　　　　　　　　图 3-20　绘制直线（1）

14）在图 3-20 中直线的右端绘制接线端子符号，效果如图 3-21 所示。

15）单击"绘图"面板中的"直线"命令按钮，在下面的三个电感线圈的两侧，绘制直线。效果如图 3-22 所示，留下位置准备放置电压继电器符号。

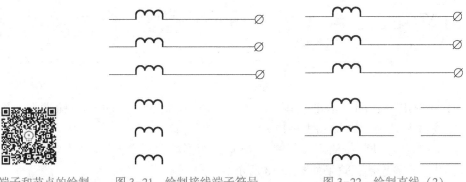

3-5　端子和节点的绘制　　图 3-21　绘制接线端子符号　　　　图 3-22　绘制直线（2）

16）熔断器符号绘制。单击"矩形"按钮，绘制一个 6×3 的矩形，并改变其线宽为 0.5。通过矩形左右边的中点绘制一条直线。效果如图 3-23 所示。

图 3-23　熔断器符号

【提示】此步也可将图 3-17 所绘制的电磁线圈的符号旋转 90°来绘制。

17）单击"复制"按钮，将熔断器符号向下复制两份，并单击"移动"按钮，将复制后的熔断器符号移动到图 3-22 中预留位置。效果如图 3-24 所示。

18）绘制辅助开关，并复制两份，移动到图 3-25 所示的位置。

19）参照步骤 8）绘制节点，效果如图 3-26 所示。

20）将图 3-26 中节点连同直线向下复制一份，距离为 10。效果如图 3-27 所示。

21）单击"直线"按钮，将所有节点用直线连接。并在其下方绘制一个地线符号。效果如图 3-28 所示。

22）单击"直线"按钮，用直线将图形补充完整。效果如图 3-29 所示。

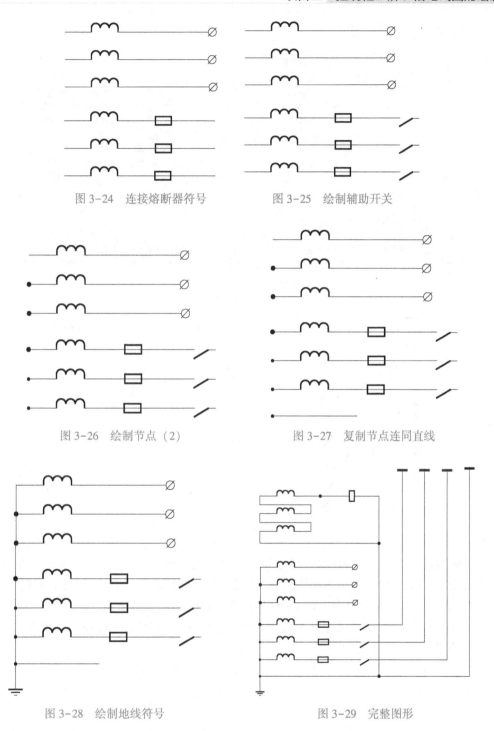

图 3-24　连接熔断器符号　　　　　图 3-25　绘制辅助开关

图 3-26　绘制节点（2）　　　　　图 3-27　复制节点连同直线

图 3-28　绘制地线符号　　　　　图 3-29　完整图形

23）单击"图层特性管理器"按钮 ，弹出如图 3-30 所示对话框，新建图层。

24）在不同图层中，用不同的颜色添加项目文字和代号。效果如图 3-7 所示。

3. PT 及避雷器柜照明指示电路、凝露器电路

绘制如图 3-31 所示的照明指示电路、凝露控制器电路原理图。

绘制步骤如下：

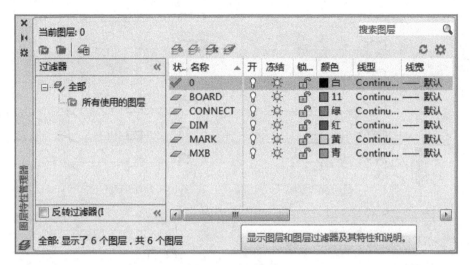

图 3-30 新建图层

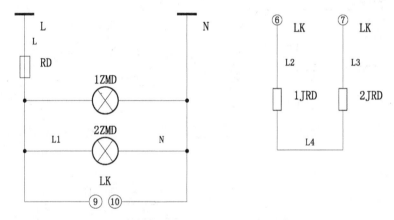

图 3-31 照明指示电路、凝露控制器电路原理图

1）照明灯 1ZMD 和 2ZMD 的绘制。单击"圆"按钮⊙，绘制直径为 8 的圆。单击"直线"按钮✎，在圆内绘制两条夹角为 45°的直线，作为照明灯的符号，在圆的两侧分别绘制长 21 的直线。并将其向下复制一份，距离为 15。效果如图 3-32 所示。

2）复制两份如图 3-33 所示小母线接地符号。将其移动到图 3-32 中适当位置，并用直线连接。效果如图 3-34 所示。

图 3-32 照明灯   图 3-33 小母线接地符号   图 3-34 连接接地符号

3）复制一份如图 3-35 所示熔断器符号。将其移动到小母线上的适当位置。效果如图 3-36 所示。

4）绘制凝露控制器接线端子。单击"圆"按钮◯，绘制直径为 4 的圆。将其移动到图 3-36 中适当位置。单击"直线"按钮✎，将圆与图 3-36 中的图形连接到一起。效果如图 3-37 所示。

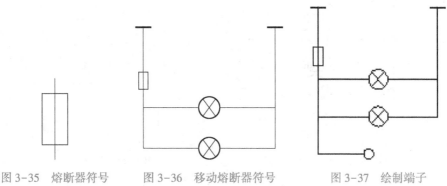

图 3-35 熔断器符号　　图 3-36 移动熔断器符号　　图 3-37 绘制端子

5）单击"镜像"按钮◭，按图 3-38 所示操作完成镜像。

6）绘制节点。在图中交点处，单击"圆"按钮◯，绘制直径为 1.25 的圆。将其复制三份，并填充为黑色。效果如图 3-39 所示。

【提示】用"圆环"命令也可完成节点绘制。

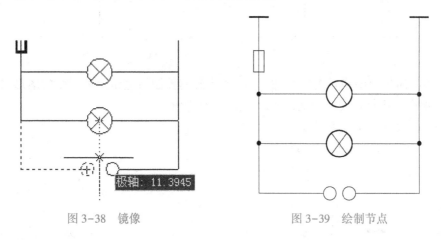

图 3-38 镜像　　　　　　　　图 3-39 绘制节点

7）单击"图层特性管理器"按钮，在打开的对话框中新建图层，设置颜色，添加文字。效果如图 3-40 所示。

【提示】用彩色设置的图形对象，打印后往往不清晰或看不出本来颜色，但在文档中可以通过不同的颜色，来辅助区分不同类型的图形对象。

8）绘制凝露控制器的加热器。使用"多段线"命令绘制两个 2×6 的矩形，线宽为 0.5，作为加热器符号，间距为 20。效果如图 3-41 所示。

9）单击"直线"按钮✎，将两个加热器符号连接在一起。效果如图 3-42 所示。

10）单击"圆"按钮◯，绘制两个直径为 4 的圆，将其移动到图 3-42 中直线的顶端作为接线端子。效果如图 3-43 所示。

11）单击“图层特性管理器”按钮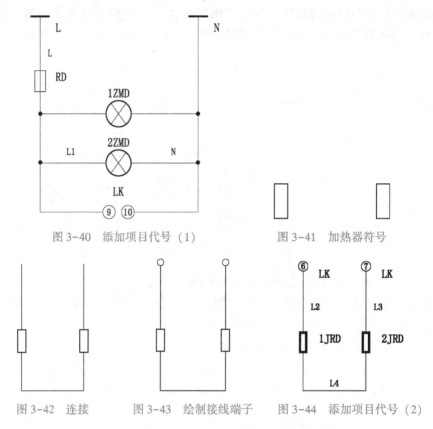，新建图层，设置颜色，添加文字。效果如图 3-44 所示。

图 3-40　添加项目代号（1）　　　　图 3-41　加热器符号

图 3-42　连接　　图 3-43　绘制接线端子　　图 3-44　添加项目代号（2）

12）将图 3-40 所示照明指示电路和图 3-44 所示凝露控制器电路原理图中的图形对象放置在同一个页面中，进行布局和调整，效果如图 3-31 所示。

4. PT 及避雷器柜信号指示电路

绘制如图 3-45 所示的信号指示电路。

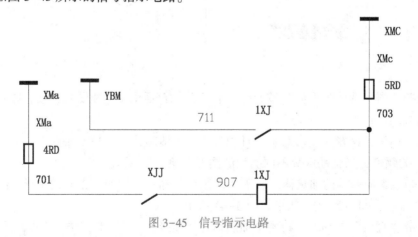

图 3-45　信号指示电路

绘制步骤如下：

1）复制熔断器符号、辅助开关符号及小母线接地符号。效果如图 3-46 所示。

2）单击"直线"按钮✏，将布局调整好的图形连接。效果如图 3-47 所示。

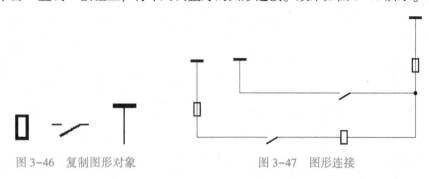

图 3-46 复制图形对象　　　　　　　图 3-47 图形连接

3）单击"图层特性管理器"按钮，在打开的对话框中新建图层，设置颜色，添加文字。效果如图 3-45 所示。

5. PT 及避雷器柜材料表

绘制步骤如下：

1）单击"图层特性管理器"按钮，在打开的对话框中新建图层，设置颜色。单击"表格"按钮，绘制表格，并将其按图 3-48 所示修改。

2）单击"多行文字"按钮**A**，在表格中编辑文字。效果如图 3-49 所示。

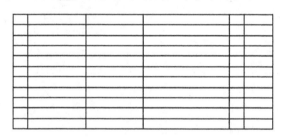

图 3-48 表格

10	1JRD-2JRD	加 热 器	JRD-2	2	AC220V150W
9	1ZMD-2ZMD	照 明 灯	CM-1	2	
8	4RD-5RD	熔 断 器	JF5-2.5RD/6A	2	
7	RD	熔 断 器	JF5-2.5RD/2A	1	
6	1RD-3RD	熔 断 器	JF5-2.5RD/4A	3	
5	YHa-YHc	电 压 互 感 器	JSZF-6G 0.2-0.5-6P	3	
4	1G	辅 助 开 关	F1-6	1	
3	XJJ	电 压 继 电 器	DY-32/60C	1	
2	1XJ	信 号 继 电 器	DX-31BJ	1	DC220V
1	LK	凝 露 控 制 器	L2K(TH)AC220V	1	
序号	标 号	名 称	型 号 规 格	数量	备 注

图 3-49 材料表

6. PT 及避雷器柜合成总图

插入图框和标题栏，将以上所有完成的图形放置在同一个图框中，通过布局和调整，完成 PT 及避雷器柜原理图。如图 3-50 所示。

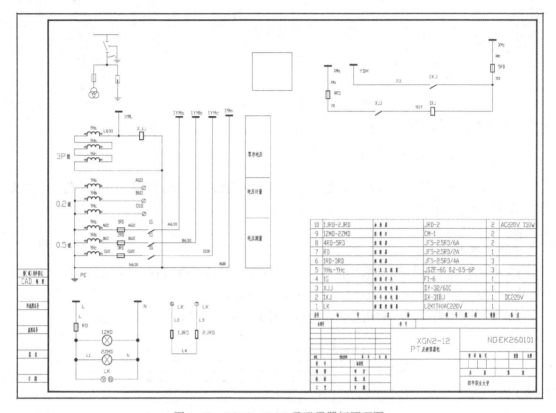

图 3-50　XGN2-12 PT 及避雷器柜原理图

技巧宝典　快速隐藏图形

命令：HIDEO

方法：命令行输入 HIDEO，或在绘图区单击鼠标右键，在快捷菜单中选择"隐藏图形"，然后选择要隐藏的图形即可。隐藏图形可以提高绘图效率和精度，需要显示时，在绘图区单击鼠标右键，在快捷菜单中选择"结束对象隔离"即可。

任务 3.2　民宅进线柜原理图的绘制

【教中学】

1. 进线柜的概念及工作原理

进线柜是指由低压电源（变压器低压侧）引入配电装置的总开关柜。进线柜为负荷侧的总开关柜，该柜担负着整段母线所承载的电流，由于该开关柜所连接的是主变压器与低压侧负荷输出，就显其作用的重要。在继电保护方面，当主变压器低压侧母线或断路器发生故障时，要靠变压器低压侧的过流保护跳开进线柜开关来排除故障。低压侧母线故障也要靠主变压器低压侧的后备保护来断开进线柜开关。变压器差动保护动作也要断开变压器低压侧断路器。

2. 进线柜与出线柜区别

出线柜区别于进线柜而得名，两者都是接在母线上的设备单元（间隔）。此时的设备单元由各自一次设备组成，一般是两组刀开关，一台开关，一组CT。

从保护范围考虑，一般进线柜和出线柜内一次设备的连接顺序不同。进线柜内一次设备的连接顺序是母线刀开关、CT、开关、线路刀开关。出线柜内一次设备的连接顺序是母线刀开关、开关、CT、线路刀开关。

3. 柜内各一次设备的作用

刀开关的作用：使检修设备与带电体之间有明显的断开点。在进线柜中，当开关检修时，两组刀开关配合，使开关与电源隔离。

开关的作用：切合正常负荷电流和故障时的短路电流。

CT的作用：计量及保护。

【做中学】

1. 民宅进线柜电流测量、计量回路

绘制步骤如下：

1）单击"直线"按钮✎，绘制一条长18的直线。单击"圆"按钮◉，沿直线左侧端点向内"虚拖"，以距离为5.5处为圆心，绘制Φ7的圆。单击"复制"按钮❖，将圆向右复制一份，距离为7。效果如图3-51所示。

2）单击"修剪"按钮✂，将直线下方的半圆修剪掉。效果如图3-52所示。

3）单击"直线"按钮✎，在圆弧两侧直线下方，绘制两条长为2的竖线，组成电流互感器符号。效果如图3-53所示。

图3-51　绘制直线与圆　　　　图3-52　修剪效果　　　　图3-53　电流互感器符号

4）单击"直线"按钮✎，在图3-53中图形的下方绘制两条直线，分别为12、134。效果如图3-54所示。

5）单击"圆"按钮◉，绘制Φ8的圆。单击"多段线"按钮⤳，绘制连接圆水平象限点的直线，作为电流表和功率表的图形。单击"复制"按钮❖，将仪表图形向右复制一份，距离为30。效果如图3-55所示。

图3-54　绘制直线　　　　　　　　　　　　图3-55　仪表图形

6）单击"移动"按钮✛，将仪表图形移动到图3-54中适当位置。效果如图3-56所示。

7）单击"复制"按钮❖，将图3-56中的图形向下复制两份，距离分别为18、36。效果如图3-57所示。

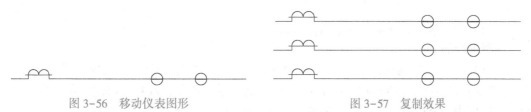

图3-56　移动仪表图形　　　　　　　　　图3-57　复制效果

8）单击"直线"按钮✎，在图 3-57 中绘制一条长 160 的直线。并用直线连接。效果如图 3-58 所示。

9）单击"直线"按钮✎，绘制一条斜线。单击"圆"按钮⊙，绘制 *Φ*4 的圆（圆心为这条斜线的中点），使其与斜线组成测量端子图形，效果如图 3-59 所示。

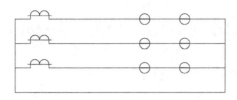

图 3-58　直线将图形两端连接　　　　图 3-59　测量端子图形

10）单击"复制"按钮🗐，将图 3-59 中测量端子图形向下复制三份，距离分别为 18、36、54。并将其移动到图 3-58 中图形的适当位置上。效果如图 3-60 所示。

11）单击"圆"按钮⊙，绘制 *Φ*2 的圆作为节点。将其移动、复制到各节点位置。绘制地线，将其移动到图 3-60 中图形的左下角。效果如图 3-61 所示。

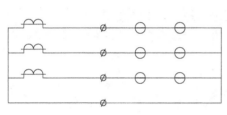
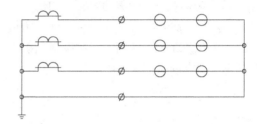

图 3-60　复制接线端子符号　　　　图 3-61　绘制地线符号

12）单击"图层特性管理器"按钮🗂，在打开的对话框中新建图层，选择颜色、线型。单击"多行文字"按钮**A**，在图 3-61 中标注各部件名称、项目代号。效果如图 3-62 所示。

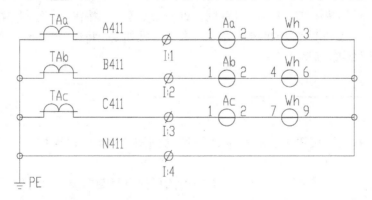

图 3-62　民宅进线柜电流测量、计量回路

2. 民宅进线柜电压测量回路、计量回路

绘制步骤如下：

1）单击"矩形"按钮▭，绘制 28×55 的矩形，将线型改为 DASHED。效果如图 3-63 所示。

【提示】图 3-63 中所示框线的 DASHED 线型如看不清晰，可双击该线，在弹出的"特性"对话框中，修改线型比例到合适值。若不影响视图或不产生歧义，也可以不修改。

2）单击"圆"按钮 ⊘，绘制 Φ6.5 的圆。单击"直线"按钮 ，在圆的左象限点引出长为 10 的直线。单击"阵列"按钮 ，将绘制的符号阵列为 6 行 1 列，行偏移 9。效果如图 3-64 所示。

3）单击"移动"按钮 ，将图 3-64 所示的符号移动到图 3-63 所绘的矩形内，调整好位置，效果如图 3-65 所示。

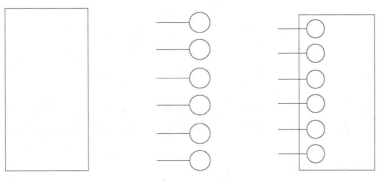

图 3-63　绘制的矩形　　　图 3-64　阵列效果　　　图 3-65　移动效果

4）单击"镜像"按钮 ，将图 3-65 中的全部圆和直线以矩形垂直中线为对称轴，向右镜像，并在圆内按顺序填入相应的数字，作为转换开关（SAC）图形。效果如图 3-66 所示。

5）单击"直线"按钮 ，在左侧的"1""5""9"接线端子处绘制长为 120 的直线。单击"矩形"按钮 ，绘制 3 个 8×4 的矩形作为熔断器符号，并移动到合适位置，效果如图 3-67 所示。

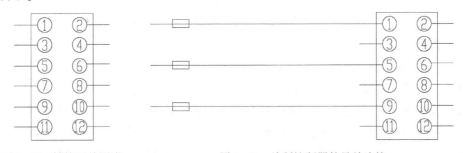

图 3-66　转换开关图形　　　　　图 3-67　绘制熔断器符号并连接

6）单击"圆"按钮 ⊘，绘制 Φ8 的圆，并在圆内输入字母 V，作为电压表符号。移动到合适位置并连接。效果如图 3-68 所示。

7）单击"圆"按钮 ⊘，绘制两个 Φ8 的圆。其中一个圆内输入字母 wh，作为功率表符号，另一圆内绘制两条相互垂直的直线，作为指示灯符号。效果如图 3-69 所示。

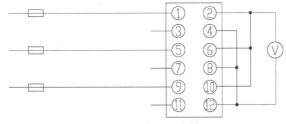

图 3-68　连接电压表符号　　　　　图 3-69　功率表和指示灯符号

8）将功率表和指示灯符号各复制三份。单击"移动"按钮 ✛，将功率表和指示灯符号移动到适当位置，并连线。效果如图 3-70 所示。

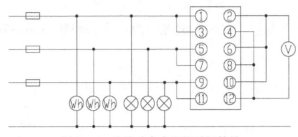

图 3-70　连接功率表和指示灯符号

9）单击"图层特性管理器"按钮 ，在打开的对话框中新建图层，选择颜色、线型。单击"多行文字"按钮 A，在图中标注各部件名称、项目代号。效果如图 3-71 所示。

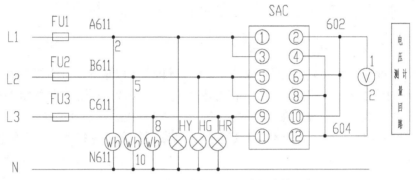

图 3-71　民宅进线柜电压测量、计量回路

3. 辅助触点回路

绘制步骤如下：

1）绘制开关符号。效果如图 3-72 所示。

2）复制图 3-59 所绘制的端子图形，移动到开关的两端并连接。效果如图 3-73 所示。

3）单击"图层特性管理器"按钮 ，在打开的对话框中新建图层，选择颜色、线型。单击"多行文字"按钮 A，在图中标注各部件名称、项目代号。效果如图 3-74 所示。

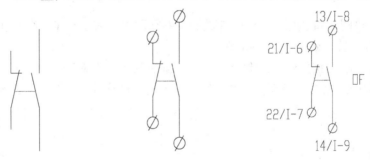

图 3-72　绘制开关符号　　图 3-73　连接端子　　图 3-74　辅助触点回路

4. 电源进线

绘制步骤如下：

1）单击"矩形"按钮 ，绘制 30×4 的矩形。单击"圆"按钮 ，在矩形内绘制内切

圆,切点为矩形长边的中点。效果如图3-75所示。

2)单击"复制"按钮🖾,将图形向右复制一份,距离为70。效果如图3-76所示。

图3-75　矩形内切圆　　　　　　　图3-76　复制效果

3)绘制一个塑壳断路器符号。效果如图3-77所示。

4)单击"圆"按钮⊘,绘制Φ10的圆。单击"直线"按钮✐,绘制一条长16的竖线。单击"移动"按钮✥,以直线中心为基点,将直线移动到圆心位置。单击"复制"按钮🖾,将圆和直线向右复制两份。距离为12,作为电流互感器图形。效果如图3-78所示。

5)单击"矩形"按钮▭,绘制8×8的矩形。单击"复制"按钮🖾,将矩形向右复制4份,距离为10。单击"移动"按钮✥,将右侧两个矩形向右移动2。在矩形中分别输入Aa、Ab、Ac、V、Wh字母,表示交流电流表图形、交流电压表图形、功率表图形。效果如图3-79所示。

图3-77　塑壳断路器符号

图3-78　电流互感器图形　　　图3-79　仪表图形　　　3-6　文字在正中绘制

【提示】本步骤绘制8×8的矩形,也可以用正方形绘制。

6)单击"移动"按钮✥,将已经完成的图形移动到适当位置。单击"直线"按钮✐,将布置好的图形用直线连接。直线长度适当、美观即可。效果如图3-80所示。

7)单击"图层特性管理器"按钮🗒,在打开的对话框中新建图层,选择颜色、线型。单击"多行文字"按钮A,在图中标注各部件名称、项目代号。效果如图3-81所示。

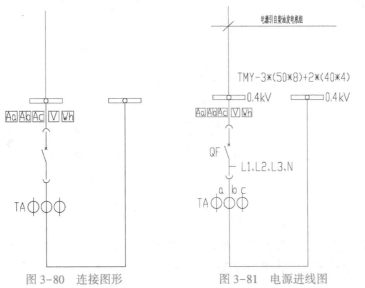

图3-80　连接图形　　　　图3-81　电源进线图　　　3-7　特殊文字标注

5. 端子排接线表

绘制步骤如下：

1）单击"表格"按钮▦，绘制表格，并修改，效果如图 3-82 所示。

2）单击"多行文字"按钮 **A**，在表中填写部件名称、项目代号及相关符号。效果如图 3-83 所示。

Ⅰ(端子排)			
TAa-K1	1	A411	Aa-1
TAb-K1	2	B411	Ab-1
TAc-K1	3	C411	Ac-1
TAc-K2	4	○N411	Wh-9
	5	○ N	
□F-21	6		外装
□F-22	7		外装
□F-13	8		外装
□F-14	9		外装
	10		
L1		FU1 A611	Wh-2/SAC-1
L2		FU2 B611	Wh-5/SAC-5
L3		FU3 C611	Wh-8/SAC-9

图 3-82　绘制表格 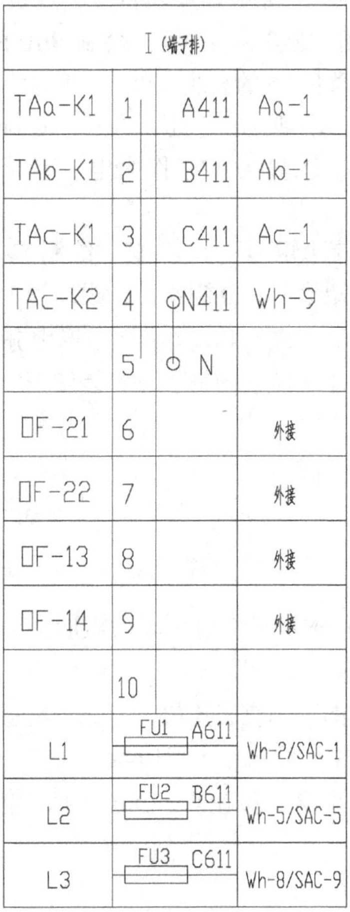　　　　　　　图 3-83　端子排接线表

6. 材料表

材料表效果如图 3-84 所示（过程略）。

QF	塑壳断路器	NZMB2-A250	200A	1	SAC	转换开关	LW5-16	YH3/3	1	FU1-3	熔断器端子	JF5-2.5/RD	6A	3
TAa-c	电流互感器	BH-0.66	300/5	3	Wh	三相电度表	DT862-4	1.5(6)A	1	□F	辅助触点	M22-K10,K01		2
Aa-Ac	交流电流表	6L2-A	300/5	3	I1-I5	电流端子	SUK-6S		5	HY,HG,HR	指示灯(黄,绿,红)	AD16-22	AC220V	3
V	交流电压表	6L2-V	AC450V	1	I6-I11	电压端子	SUK-4		6					

图 3-84　材料表

7. 进线电气柜原理图

插入图框和标题栏，并将绘制好的图形及表格移动到适当位置，边布局边调整，查找遗漏及错误。进线电气柜原理图最终效果如图 3-85 所示。

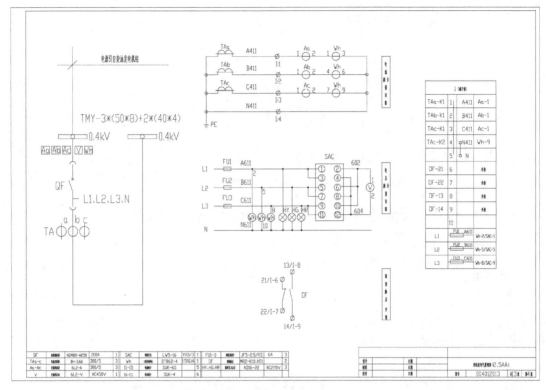

图 3-85　进线电气柜原理图

任务 3.3　水泵控制屏原理图的绘制

【教中学】

常用的供电设备除了控制柜以外，还有控制屏、控制箱、配电箱、配电柜等，这些设备的概念不是很明确，原因是人们常常混用。它们的含义是：

（1）控制柜　实际是大型的控制箱，可以提供较大功率或者较多通道的控制输出，也可以实现较复杂的控制。

（2）配电箱　小型电源分配箱，内部包含电源开关和保险装置。

（3）控制箱　小型控制分配箱，内部包含电源开关/保险装置/继电器（或者接触器），可以用于指定的设备控制，如电动机等控制。

（4）配电柜　实际是大型的配电箱，可以提供较大功率或者较多通道的电源输出。

（5）控制屏　只有正面的控制柜，所有内部设备全部安装在面板上。

本任务是绘制水泵控制屏原理图。

【做中学】

1. 水泵控制屏原理图说明

绘制说明文字，效果如图 3-86 所示。同时了解绘制本图的相关信息。

2. 动力屏配电系统图

绘制步骤如下：

1. 本图只画出一台电动机控制原理图，其余四台均同，其二次回路编号为

2011-2021，3011-3021，
4011-4021 5011-5021。

2. 材料表中材料为五台电动机控制回路所需。

3. 材料表中材料根据电动机容量及台数由厂家定。

图 3-86 说明文字

1）单击"直线"按钮✐，按命令行的提示操作，绘制一个开关符号。

```
命令：_line 指定第一点：
指定下一点或［放弃(U)］: 8
命令：_line 指定第一点：4
指定下一点或［放弃(U)］: @5<120
命令：_line 指定第一点：
指定下一点或［放弃(U)］: 30
指定下一点或［放弃(U)］:（按〈Enter〉键）
```

效果如图 3-87 所示。

2）单击"矩形"按钮▭，绘制 1.5×3 的矩形。效果如图 3-88 所示。

3）选择"修改"面板中"三维操作"选项中的"对齐"命令。将矩形对齐到开关的斜线上，如图 3-89 所示，并移动到适当位置。作为刀熔开关符号。效果如图 3-90 所示。

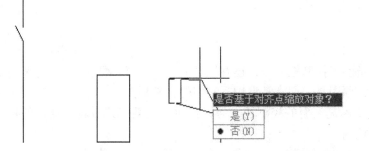

图 3-87 开关符号　图 3-88 矩形　　　图 3-89 对齐操作　　　3-8 对齐命令使用

4）单击"圆"按钮⊙，绘制 Φ5 的圆。单击"阵列"按钮▦，将圆阵列 3 行 3 列，设置行偏移为 7，列偏移为 6.5。效果如图 3-91 所示。

5）单击"移动"按钮✛。将刀熔开关符号移动到图 3-91 中，调整做到左右对称。效果如图 3-92 所示。

6）单击"复制"按钮❀，将开关符号复制两份。分别修改成断路器触头和接触器触头符号。效果如图 3-93 所示。

7）单击"直线"按钮✐，绘制热继电器线圈符号。效果如图 3-94所示。

图 3-90 刀熔开关符号

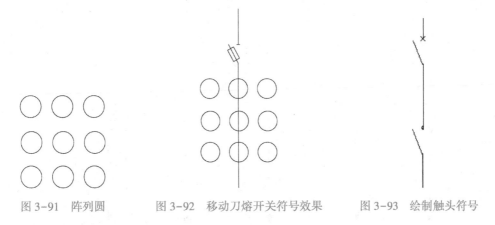

图 3-91　阵列圆　　　　图 3-92　移动刀熔开关符号效果　　　图 3-93　绘制触头符号

8）单击"正多边形"按钮 ⬠，绘制内接于圆的三角形，圆半径为 1.5。单击"旋转"按钮 ↻，以三角形顶点为基点，将三角形旋转 180°。效果如图 3-95 所示。

9）单击"图案填充"按钮 ▨，将三角形填充为黑色。单击"移动"按钮 ✛，将图 3-93、图 3-94 和黑色三角形图形组合到一起。调整位置和距离，组成一条支路符号。效果如图 3-96 所示。

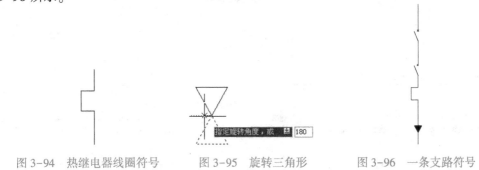

图 3-94　热继电器线圈符号　　　图 3-95　旋转三角形　　　图 3-96　一条支路符号

10）单击"复制"按钮 🗇，将图 3-96 中的图形复制 4 份，距离为 36。效果如图 3-97 所示。

图 3-97　复制效果

11）单击"移动"按钮 ✛，将图 3-92 和图 3-97 中的图形组合到一起。单击"直线"按钮 ✏，绘制直线，加以修饰。效果如图 3-98 所示。

12）单击"图层特性管理器"按钮 🗒，新建图层，选择颜色、线型。单击"多行文字"按钮 Ａ，在图中标注各部件名称、项目代号。效果如图 3-99 所示。

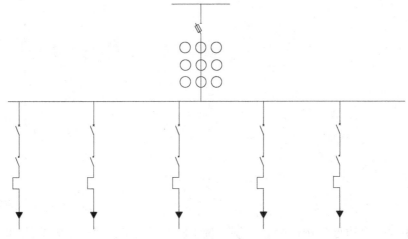

图 3-98　图形组合效果

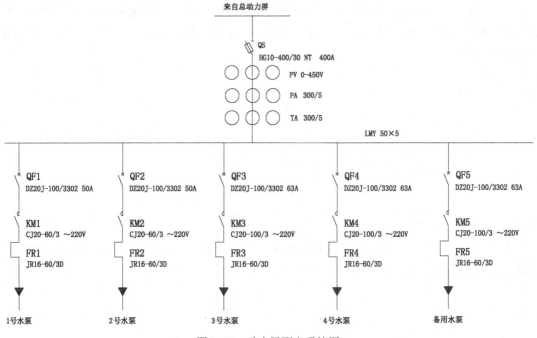

图 3-99　动力屏配电系统图

3. 一台电动机控制原理图

绘制步骤如下：

1）单击"复制"按钮，复制图 3-96 中的图形，去掉三角形。单击"拉伸"按钮，将图形拉伸。效果如图 3-100 所示。

2）单击"复制"按钮，将图形向右复制两份，距离分别为 11、22，组成三相交流电动机供电线路图。效果如图 3-101 所示。

3）单击"直线"按钮，绘制经过断路器触头和接触器触头符号中点的直线。单击"特性"工具栏中的"线型控制"按钮，设置线型为"ACAD ISO03W100"。效果如图 3-102 所示。

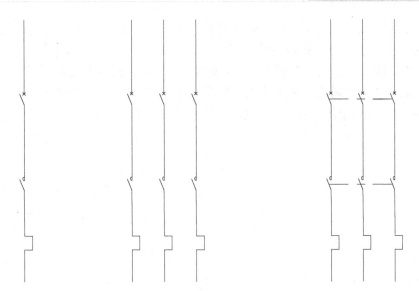

图 3-100　单相线路　　　　图 3-101　三相线路　　　　图 3-102　绘制线型为"ACAD ISO03W100"直线

4）单击"圆"按钮⊘，绘制 Φ27 的圆，在圆内输入文字"M1"和"~"符号，组成交流电动机符号。单击"移动"按钮✦，将电动机符号移动到图 3-102 中图形下方。单击"直线"按钮✐，用直线连接，组成主电路。效果如图 3-103 所示。

5）复制一个开关，单击"镜像"按钮◭，将其镜像。单击"缩放"按钮🔲，将两个开关放大 2 倍。单击"直线"按钮✐，将其中之一修改为常闭开关符号，另一个作为交流接触器的常开触点符号。效果如图 3-104 所示。

6）单击"旋转"按钮↻，将两个开关旋转 90°。效果如图 3-105 所示。

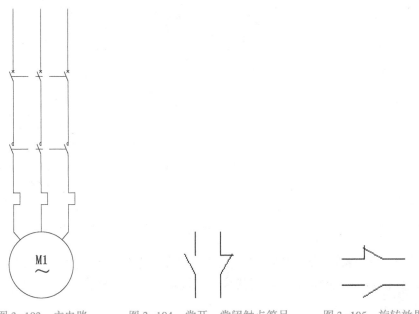

图 3-103　主电路　　　　图 3-104　常开、常闭触点符号　　　　图 3-105　旋转效果

7）单击"矩形"按钮▭，绘制两个矩形分别为 3×8 和 8×10，作为熔断器和交流接触器线圈符号，效果如图 3-106 所示。

8）单击"圆"按钮 ⊙，绘制一个 Φ10 的圆，单击"直线"按钮 ✎，在圆内绘制两条垂直相交的斜线，作为指示灯符号。效果如图 3-107 所示。

9）单击"复制"按钮 ❀，将两种开关各复制两份，指示灯符号复制一份。单击"移动"按钮 ✛，将开关、熔断器和交流接触器线圈符号、指示灯符号移动到适当位置。单击"直线"按钮 ✎，连接各个图形组成控制电路。效果如图 3-108 所示。

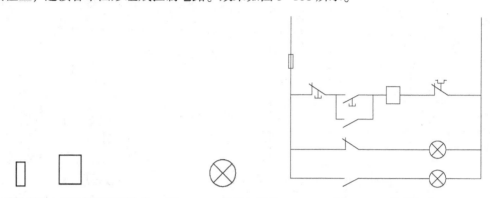

图 3-106 熔断器和交流接触器线圈符号　　图 3-107 指示灯符号　　图 3-108 控制电路

10）将图 3-103 和图 3-108 中的图形移动到一起，并进行调整。效果如图 3-109 所示。

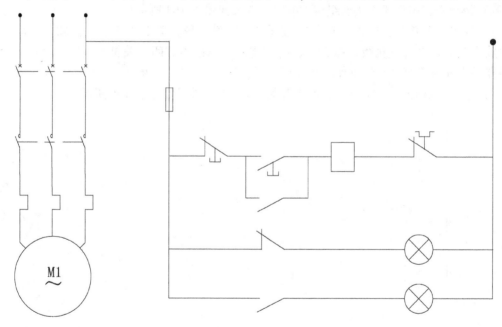

图 3-109 组合电路图

11）单击"图层特性管理器"按钮 ▣，新建图层，选择颜色、线型。单击"多行文字"按钮 A，在图中标注各部件名称、项目代号。效果如图 3-110 所示。

4. 控制屏正面布置图

绘制步骤如下：

1）单击"矩形"按钮 ▢，绘制 70×120 的矩形。单击"偏移"按钮 ▱，将矩形向内偏移 3。效果如图 3-111 所示。

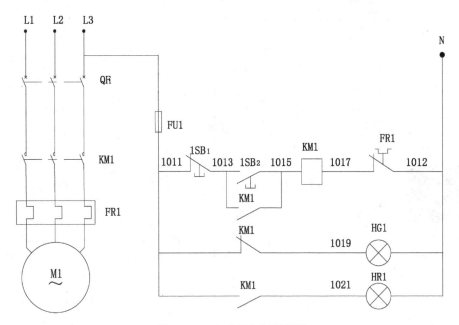

图 3-110　电动机控制原理图

2）单击"矩形"按钮 ▢，绘制 64×3 的矩形。效果如图 3-112 所示。

图 3-111　偏移矩形效果　　　　　　　图 3-112　绘制矩形

3）单击"移动"按钮 ✛，将 64×3 的矩形移动到图 3-111 中高为 2/3 位置。效果如图 3-113 所示。

4）单击"矩形"按钮 ▢，绘制 9×9 的矩形。单击"阵列"按钮 ▦，将矩形阵列 3 列 2 行，行偏移为 13，列偏移为 18。效果如图 3-114 所示。

5）单击"移动"按钮 ✛，将图 3-114 所示图形移动到图 3-113 中，并调整位置。效果如图 3-115 所示。

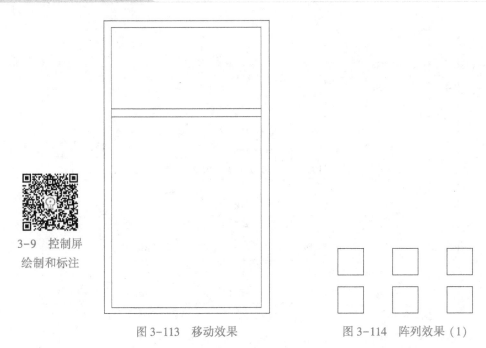

3-9 控制屏
绘制和标注

图 3-113 移动效果　　　　　　　　图 3-114 阵列效果（1）

6) 单击 "圆" 按钮⊙，绘制 Φ3.2 的圆。单击 "复制" 按钮，将圆向下复制，距离为 9。单击 "直线" 按钮，在上面圆内绘制两条相交斜线。单击 "偏移" 按钮，将下面的圆向内偏移 0.7。效果如图 3-116 所示。

7) 单击 "矩形" 按钮□，绘制 3.5×0.6 矩形，并将矩形移动到圆的下方。上面为指示灯符号，下面为按钮图形。效果如图 3-117 所示。

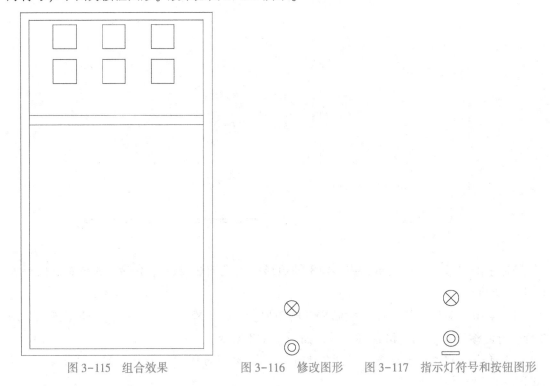

图 3-115 组合效果　　　图 3-116 修改图形　　图 3-117 指示灯符号和按钮图形

8) 单击"复制"按钮🔊，将图 3-117 中的图形向右复制一份，距离为 5.5。效果如图 3-118 所示。

9) 单击"阵列"按钮🔠，将图 3-118 所示图形阵列 1 行 5 列，列偏移 12。效果如图 3-119 所示。

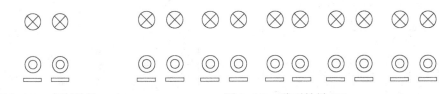

图 3-118 复制效果   图 3-119 阵列效果 (2)

10) 单击"移动"按钮✥，将图 3-119 中的图形移动到图 3-115 中，并调整到合适位置。效果如图 3-120 所示。

11) 绘制门轴。单击"矩形"按钮▭，绘制 1.5×3 的矩形。单击"复制"按钮🔊，将矩形复制 3 份。单击"移动"按钮✥，将矩形移动到图 3-120 中，调整到适当位置。效果如图 3-121 所示。

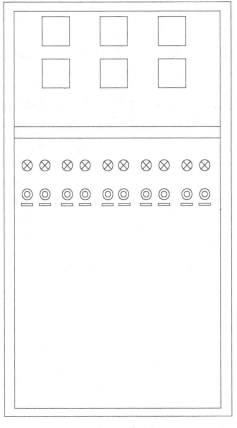

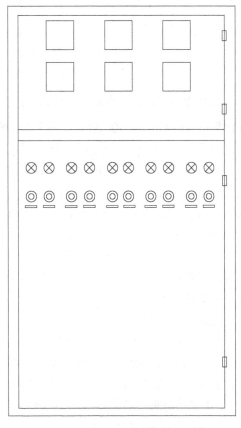

图 3-120 移动组合图形   图 3-121 绘制门轴

12) 单击"修剪"按钮✂，将门轴内多余直线修剪掉。效果如图 3-122 所示。

13）单击"圆"按钮 ⊙，绘制 Φ4 的圆。将其填充为黑色，作为刀熔指示灯，并移动到图 3-122 内，调整位置。效果如图 3-123 所示。

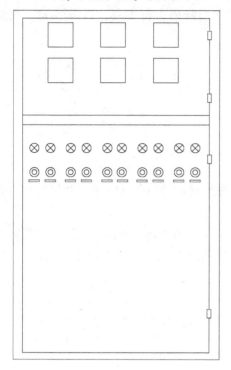

图 3-122　修剪效果　　　　　　　　　　　　图 3-123　绘制刀熔指示灯

14）单击"标注"按钮 ⊟，给两个图形标注尺寸。可以采用默认的标注样式（ISO-25），标注结果是屏高 120，宽 70。效果如图 3-124 所示。

【问题解析】本电控屏的实际尺寸应该是高 2200，宽 800。而标注尺寸是高 120，宽 70，这就出现了问题：①高和宽的标注尺寸与实际尺寸不符。②高和宽的标注值的比例与实际值的比例也不相符。

可以从工程实际角度出发去解释。本任务绘制的是电控屏的示意图，限于图纸的大小和图中其他图形对象的相对大小的约束，可以不按实际尺寸绘制器件的实际外形。

为了防止施工出错，解决的办法是：将自动生成的标注数值改成实际尺寸数值，施工者将按标注尺寸进行施工（标注尺寸是实际大小），图形的外形尺寸只作为一个参考。

修改标注数值的方法如下。

15）单击"修改"面板中的"分解"按钮 ⌧，将标注对象分解。这时标注的数值成为

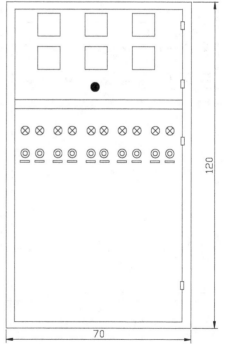

图 3-124　标注尺寸

一个单独的对象，双击标注数值"120"，弹出如图 3-125 所示的"文字"对话框，将"120"改为"2200"。按相同方法将"70"改为"800"。效果如图 3-126 所示。

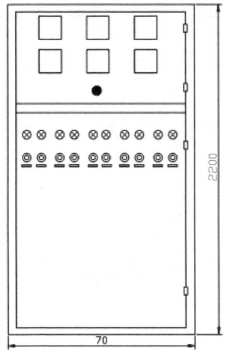

图 3-125 修改标注数值

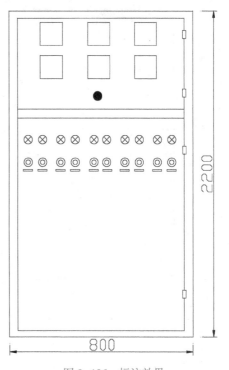

图 3-126 标注效果

【结论】通过修改，同一个图形可标注出不同的尺寸。

16）单击"图层特性管理器"按钮，新建图层，选择颜色、线型。单击"多行文字"按钮 **A**，在图中标注各部件名称、项目代号。效果如图 3-127 所示。

5. 控制屏另一面布置图

绘制步骤如下：

1）单击"矩形"按钮口，绘制 50×75 的矩形。单击"复制"按钮，复制图 3-127 中的一个同心圆图形。并将其移动到矩形内。效果如图 3-128 所示。

2）单击"阵列"按钮，将同心圆图形阵列 1 行 5 列，列偏移 9。效果如图 3-129 所示。

3）单击"矩形"按钮口，绘制 6.5×9 的矩形。单击"阵列"按钮，将该图形阵列 1 行 5 列，列偏移 9。并将其移动到图 3-129 中，调整位置。效果如图 3-130 所示。

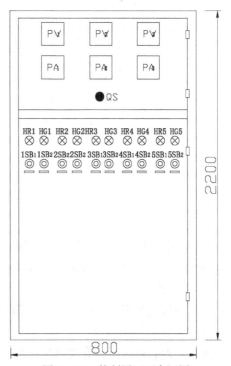

图 3-127 控制屏正面布置图

4）单击"标注"按钮 ![icon]，给两个图形标注尺寸，并按照图 3-125 的修改方法，将标注数值修改为"700"和"800"。效果如图 3-131 所示。

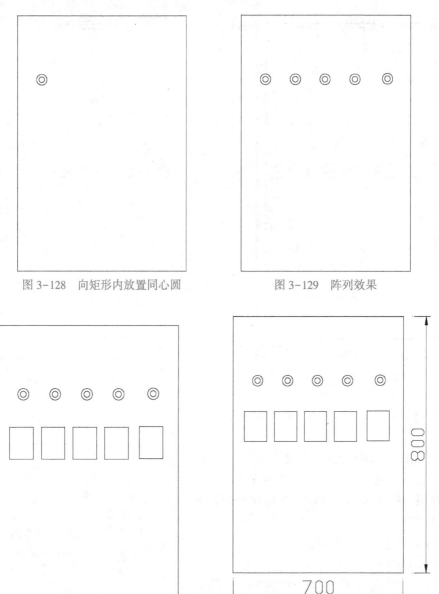

图 3-128　向矩形内放置同心圆　　　　图 3-129　阵列效果

图3-130　阵列矩形　　　　　　图3-131　标注结果

5）单击"图层特性管理器"按钮 ![icon]，新建图层，选择颜色、线型。在图 3-131 中标注各部件名称、项目代号。效果如图 3-132 所示。

6. 绘制材料表

材料表效果如图 3-133 所示（步骤略）。

7. 水泵控制屏原理图

插入图框和标题栏，并将绘制好的图形及表格移动到适当位置，边布局边调整，查找遗漏及错误。水泵控制屏原理图最终效果如图 3-134 所示。

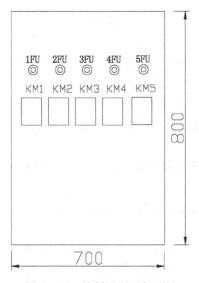

图 3-132 控制屏顶面布置图

13	PV	电压表	42L6 0-450V	只	3	
12	PA	电流表	42L6 0-300A	只	3	
11	FR	热继电器	JR16-60/3D	只	4	
10	TA	电流互感器	LMZ1-0.66 300/5	只	3	
9	1-5FU	熔断器	RL2-25 6A	只	5	
8	KM3-5	交流接触器	CJ20-100/3～220V	只	3	
7	KM1-2	交流接触器	CJ20-60/3～220V	只	2	
6	1-5SB1-2	按钮	LA2	只	10	红、绿各4个
5	HG1-5	信号灯	XD13～220	只	5	绿色
4	HR1-5	信号灯	XD13～220	只	5	红色
3	QS	刀熔开关	HG10-400/30,NT2-400A	只	1	
2	QF3-5	空气断路器	DZ20J-100/3302 63A	只	3	
1	QF1-2	空气断路器	DZ20J-100/3302 50A	只	2	
序号	符号	名称	型号规格	单位	数量	备注

图 3-133 材料表

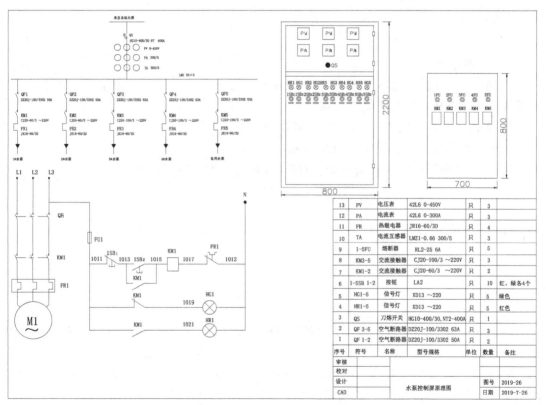

图 3-134 水泵控制屏原理图

任务 3.4 炉前仪表箱设备布置及接线图的绘制

【教中学】

仪表箱是小型电源分配箱或小型控制分配箱，又称为配电箱或控制箱，称谓经常混淆。

仪表箱内部包含电源开关、保险装置、继电器（或者接触器），可以用于指定的设备控制。绘制仪表箱时应该注意：

1）需要画出它的背面接线图。情况有两种：已选定使用某厂家的仪表，可将实际的接线图作为图样；另一种情况是未指定使用厂家的仪表，可按某一厂家的仪表画出接线图。

2）绘制仪表箱设备接线图的时候，电源回路的接线和信号回路的接线都得表达出来，电源和信号的回路图只画出原理图即可（如仪表控制系统原理图、联锁系统逻辑图等）。

3）24 V 的电源和 220 V 的电源可放在一个箱子里。

4）信号端子排和电源端子排是分开的。一般信号端子排在电源端子排上边，或电源端子排在柜子的侧面。

5）仪表回路图表达清楚回路原理，仪表接线图要标明信号的来源，无论采用哪种标号方式都要标记清楚。

本任务绘制炉前仪表箱设备布置及接线图，要求电源回路（电流回路）的接线和信号回路（控制回路）的接线都要表达出来；信号端子排和电源端子排是分成两组的。仪表接线图通过标明信号的来源和标号形式来标记清楚。

【做中学】

1. 电铃

绘制步骤如下：

1）单击"直线"按钮，绘制一条长 20 的直线。单击"圆弧"按钮，用三点法绘制弧线。效果如图 3-135 所示。

2）单击"直线"按钮，沿直线端点向内"虚拖"距离 6 处为起点，绘制"@0,-3""@-3,0"两条直线。效果如图 3-136 所示。

3）单击"圆"按钮，绘制 Φ3 的圆，并移动到如图 3-137 所示位置。

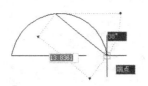
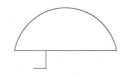
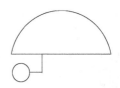

图 3-135　绘制直线和弧线　　图 3-136　绘制直线（1）　　图 3-137　绘制圆

4）单击"直线"按钮和"捕捉到象限点"按钮，在圆的左侧绘制一条长 15 的直线。效果如图 3-138 所示。

5）单击"镜像"按钮，将图 3-139 所选取的圆和直线镜像一份，镜像"第一点"和"第二点"分别为圆弧的圆心和底边直线的中点。镜像效果如图 3-140 所示。

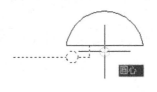
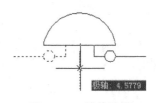

图 3-138　绘制直线（2）　　图 3-139　镜像对象　　图 3-140　镜像效果

6）单击"图层特性管理器"按钮🔲，新建图层，选择颜色、线型（虚线）。单击"矩形"按钮☐，在图中适当位置添加围框。效果如图 3-141 所示。

7）单击"多行文字"按钮**A**，在图 3-141 中标注项目代号。电铃图形如图 3-142 所示。

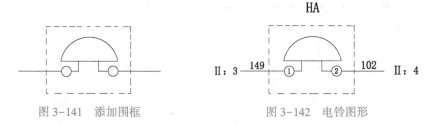

图 3-141 添加围框   图 3-142 电铃图形

2. 炉前仪表箱设备接线图

绘制步骤如下：

1）单击"矩形"按钮☐，绘制 20×21 的矩形。效果如图 3-143 所示。

2）单击"圆"按钮⊘，绘制 Φ6 的圆。并将其向下复制一份，距离为 10。效果如图 3-144 所示。

3）单击"直线"按钮╱和"捕捉到象限点"按钮✧，在两个圆右侧象限点绘制长为12 的直线。效果如图 3-145 所示。

4）单击"移动"按钮✛，将图 3-145 所示图形移动到图 3-143 中矩形内。效果如图 3-146 所示。

图 3-143 绘制矩形（1）   图 3-144 复制圆   图 3-145 绘制直线（1）   图 3-146 组合图形

5）单击"圆"按钮⊘，绘制 Φ10 的圆，将其移动到图 3-146 的上方，组成电流表图形。效果如图 3-147 所示。

【提示】注意图形和符号的区别。电流表的符号是 A，电流表的图形如图 3-147 所示。

6）单击"复制"按钮🗇，将图 3-147 电流表图形复制两份。效果如图 3-148 所示。

7）单击"直线"按钮╱，在图 3-148 右侧两个电流表图形中添加斜线。效果如图 3-149 所示。

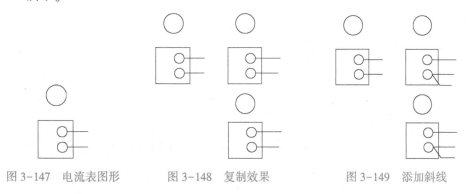

图 3-147 电流表图形   图 3-148 复制效果   图 3-149 添加斜线

8）单击"矩形"按钮☐，绘制 13×13 的矩形。效果如图 3-150 所示。

9）单击"圆"按钮◎，绘制 Φ3 的圆，并将其阵列为 2 行 2 列，行偏移和列偏移均为 6.5。效果如图 3-151 所示。

10）单击"直线"按钮╱和"捕捉到象限点"按钮◇，将图 3-151 中上边两个圆的下象限点相连。单击"直线"╱按钮和"中点"按钮╱，在直线中点绘制直线，长为 4。效果如图 3-152 所示。

图 3-150 绘制矩形（2）　　图 3-151 阵列效果　　图 3-152 绘制直线（2）

11）单击"直线"按钮╱和"捕捉到象限点"按钮◇，经图 3-152 下边两个圆的象限点向左和向右绘制两条长 15 的直线。效果如图 3-153 所示。

12）单击"移动"按钮✛，将图 3-150 图形移动到图 3-153 中，调整位置。效果如图 3-154 所示。

13）单击"圆"按钮◎，绘制 Φ10 的圆，将其移动到图 3-154 中适当位置。效果如图 3-155 所示。

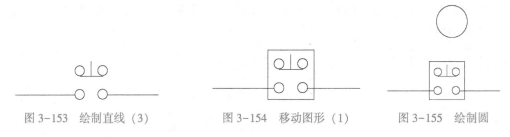

图 3-153 绘制直线（3）　　图 3-154 移动图形（1）　　图 3-155 绘制圆

14）单击"移动"按钮✛，将图 3-155 图形移动到图 3-149 中，调整位置。效果如图 3-156 所示。

15）单击"图层特性管理器"按钮，新建图层，选择颜色、线型。单击"多行文字"按钮A，在图 3-156 中标注各部件名称、标号。效果如图 3-157 所示。

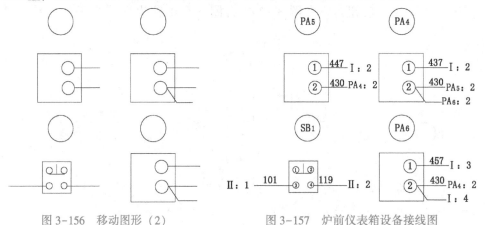

图 3-156 移动图形（2）　　图 3-157 炉前仪表箱设备接线图

3. 炉前仪表箱设备布置图

绘制步骤如下：

1）单击"矩形"按钮□，绘制 20×21 的矩形。效果如图 3-158 所示。

2）单击"复制"按钮，将矩形复制两份，距离分别为向右 42，向下 30。效果如图 3-159 所示。

3）单击"圆"按钮，绘制 Φ12 的圆，单击"偏移"按钮，将圆向内偏移 2。效果如图 3-160 所示。

图 3-158 绘制矩形（1）　　　图 3-159 复制效果　　　图 3-160 偏移效果

4）单击"矩形"按钮□，绘制 87×78 的矩形。效果如图 3-161 所示。

5）将图 3-159、图 3-160 所示的图形，移动到图 3-161 的矩形中。效果如图 3-162 所示。

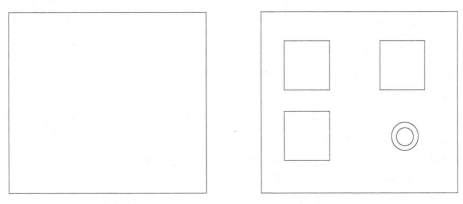

图 3-161 绘制矩形（2）　　　　　图 3-162 移动效果（1）

6）单击"直线"按钮，绘制一条长 15 的竖线。单击"圆弧"按钮，用三点法绘制弧线。效果如图 3-163 所示。

7）单击"直线"按钮，沿竖线上端点向下"虚拖"距离 5 处为起点，绘制长为 4 的直线。单击"复制"按钮，将该直线向下复制，距离为 5。效果如图 3-164 所示的电铃图形。

8）单击"移动"按钮，将图 3-164 中电铃图形移动到图 3-162 中适当位置。效果如图 3-165 所示。

9）单击"图层特性管理器"按钮，新建图层，选择颜色、线型。单击"标注"按钮标注图形。效果如图 3-166 所示。

10）单击"多行文字"按钮**A**，在图 3-166 中标注各部件名称、标号。效果如图 3-167 所示。

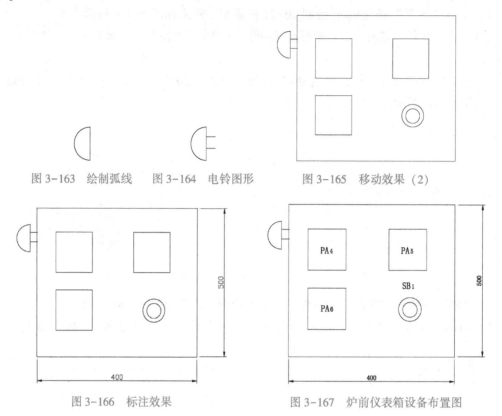

图 3-163　绘制弧线　　图 3-164　电铃图形　　图 3-165　移动效果（2）

图 3-166　标注效果　　　　　　　　　图 3-167　炉前仪表箱设备布置图

4. 电流回路端子排和控制回路端子排

绘制步骤如下：

1）单击"直线"按钮　，绘制一条长 47 的直线。单击"阵列"按钮　，将直线阵列 11 行 1 列，行偏移 7。效果如图 3-168 所示。

2）单击"直线"按钮　，在图 3-168 内绘制数条垂直直线和两条斜线，距离适当，形成端子排表格。效果如图 3-169 所示。

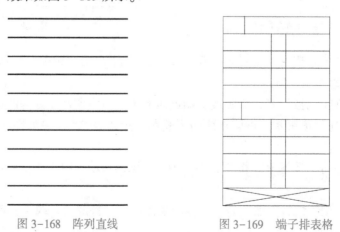

图 3-168　阵列直线　　　　　　　图 3-169　端子排表格

3）单击"矩形"按钮▭，绘制 12×7 的矩形，并向下复制两份，距离分别为 7、14。效果如图 3-170 所示。

4）单击"直线"按钮╱，绘制一条长 88 的直线。将其移动到第一个矩形右下角端点处。效果如图 3-171 所示。

图 3-170 复制效果（1）　　　　　图 3-171 绘制直线

5）单击"圆角"按钮◠，将图 3-171 修改成如图 3-172 所示。圆角半径为 1。

6）单击"复制"按钮◔，将图 3-172 向下复制，距离为 36。效果如图 3-173 所示。

7）单击"多段线"按钮⤴，按如下步骤操作：

```
当前线宽为 0.0000
指定下一个点或 [圆弧(A)/半宽(H)/长度(L)/放弃(U)/宽度(W)]：w
指定起点宽度 <0.0000>：2
指定端点宽度 <2.0000>：0
指定下一个点或 [圆弧(A)/半宽(H)/长度(L)/放弃(U)/宽度(W)]：3
指定下一点或 [圆弧(A)/闭合(C)/半宽(H)/长度(L)/放弃(U)/宽度(W)]：(按〈Enter〉键)
```

效果如图 3-174 所示黑色箭头。

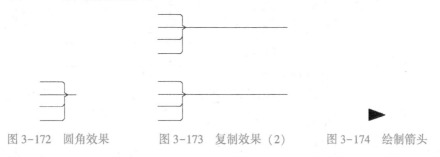

图 3-172 圆角效果　　　图 3-173 复制效果（2）　　　图 3-174 绘制箭头

8）单击"复制"按钮◔，将箭头复制一份，并将其移动到图 3-173 中适当位置。效果如图 3-175 所示。

9）单击"移动"按钮✛，将图 3-169 移动到图 3-175 中，调整位置。效果如图 3-176 所示。

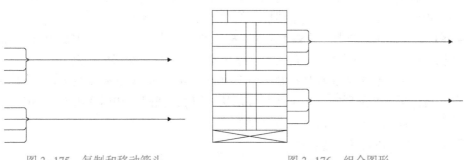

图 3-175 复制和移动箭头　　　　　图 3-176 组合图形

10）单击"图层特性管理器"按钮，新建图层，选择颜色、线型。单击"多行文字"按钮 **A**，在图 3-176 中标注各部件名称、标号。效果如图 3-177 所示。

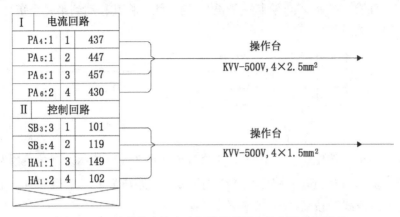

I	电流回路		
PA$_4$:1	1	437	
PA$_5$:1	2	447	
PA$_6$:1	3	457	
PA$_6$:2	4	430	
II	控制回路		
SB$_3$:3	1	101	
SB$_5$:4	2	119	
HA$_1$:1	3	149	
HA$_1$:2	4	102	

操作台
KVV-500V，4×2.5mm²

操作台
KVV-500V，4×1.5mm²

图 3-177　炉前仪表箱电流回路端子排和控制回路端子排

5. 炉前仪表箱元件表

炉前仪表箱元件表如图 3-178 所示。

【提示】由元件表的序号可知，绘制本表时从下往上绘制，这样可根据元件种类多少，方便修改表格的行数。

7	SB$_1$	按钮	LA$_2$	1 只	
6		标记端子	B$_1$-5	4 只	
5		试验端子	B$_1$-2	4 只	
4		普通端子	B$_1$-1	4 只	
3	HA	电铃	UZC-4，-220 V	1 只	
2	PA$_{4-6}$	电流表	42L20-A，600/5 A	3 只	
1		仪表箱	JXF-5040/20	1 只	
序号	序号	名称	型号、规格	数量	备注

图 3-178　炉前仪表箱元件表

6. 炉前仪表箱设备布置及接线图

插入图框和标题栏，并将绘制好的图形及表格移动到适当位置，边布局边调整，查找遗漏及错误。炉前仪表箱设备布置及接线图最终效果如图 3-179 所示。

【问题】带有标注的图形在调整大小时，标注数值会改变。如图 3-179 中所示的设备布置图按比例缩放调整后，标注数值就改变了，这会给施工带来错误的信息。

解决方法①参考任务 3.3 水泵控制屏原理图的绘制中修改标注数值的方法（图 3-125）。②将设备布置图做成块的形式（内部块、外部块均可），把图形和标注组合成一个对象，这时再按比例缩放调整，标注数值就不再改变了。

🔘 **技巧宝典**　*巧用并集进行修剪*

方法：在某些情况下可以用布尔运算"并集"命令进行修剪，省时省力。具体操作是先在命令行输入"面域"命令reg，再使用"并集"命令uni。如图3-180所示。

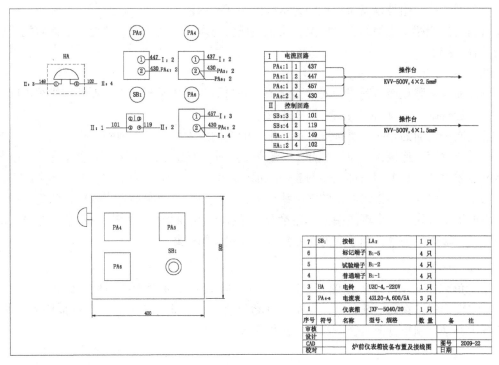

图 3-179　炉前仪表箱设备布置及接线图

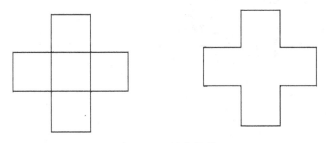

图 3-180　并集修剪

任务 3.5　控制柜盘面布置图的绘制

【教中学】

1. 盘面布置图

盘面布置图可根据展开图绘成。它决定了各个设备的排列位置及相互间的距离尺寸。

继电器的排列原则，一般是电流继电器放在盘面最上部，以下依次为电压、时间、中间、信号和光字牌继电器，按照这样的方式布置的继电器符合接线的顺序。而原理接线图是体现二次回路工作原理的图样，并且是绘制展开图和安装图的基础。在原理接线图中，与二次回路有关的一次设备及其一次回路，是同二次设备及其回路画在一起的，所有一次和二次设备都以整体的形式表示其相互连接的电流回路、电压回路和直流回路，并且是综合画在一起的。

2. 盘后安装接线图

盘后安装接线图是以盘面布置图为基础，展开图为依据绘制的接线图，它标明了屏上各个设备引出接线端子之间的连接情况，及盘内设备与端子排间的连接情况，是盘后配线所依据的一种图样。

3. 盘内配线

配线前应熟悉盘面布置图和安装接线图，并与展开图相对照，确认安装接线图正确无误后，方可进行配线。盘内配线的一般要求如下：

盘内同一走向的导线都要排成线束；配线的走向应力求简捷、清晰，横平竖直，整齐美观，尽量减少交叉连接，避免"鼠尾"；导线转角时要有适当的弧度，不能成直角，以免导线折断造成隐患；盘上同一排电器的连接线都应汇集在同一水平线束中，然后转变成垂直线束再与下一排电器的连接线汇集的水平线束汇合，成为一个较粗的垂直线束，依此类推，构成盘内的集中布线；每个接线端上只能接两根导线，导线两端必须按图所示套入标号，同一盘内标号头形式要一致，标号头的编号要与安装接线图一致。

【做中学】

星三角减压起动控制柜盘面布置图如图 3-181 所示。此图中的图框、标题栏、材料明细表、二次接线图在前述项目中已经练习过类似的图形。唯一没练习过的就是柜体的绘制。本任务主要是控制柜盘面布置图和柜内器件布置图的绘制。

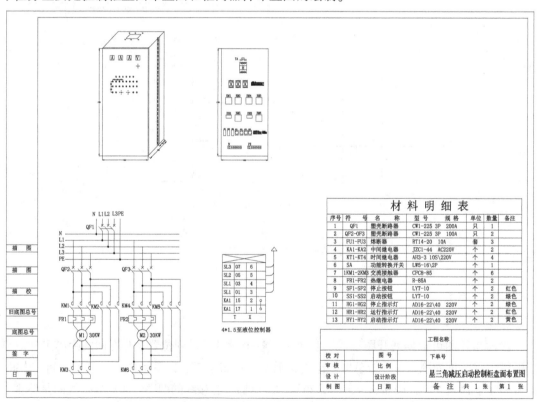

图 3-181　星三角减压起动控制柜盘面布置图

1. 星三角减压起动控制柜盘面布置图

在绘制如图 3-182 所示的控制柜盘面布置图前，首先得制定一个绘图的计划，这是从长期绘图中慢慢总结出来的。本着"先大后小"的原则，先绘制柜体的图形，再绘制其他电气图形，然后进行布局与调整。本着"先绘后标"的原则，绘制完图形后再进行标注等操作。

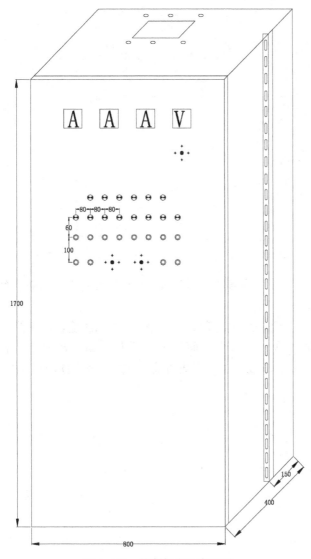

图 3-182　控制柜盘面布置图

3-10　控制柜标注长度

绘制步骤如下：

1）单击"绘图"面板中"矩形"命令按钮▢，绘制 800×1700 的矩形。单击"绘图"工具栏中"直线"命令按钮✎，绘制长为 400，与水平线成 45°角的直线。单击"修改"面板中"复制"命令按钮🖉，将该直线复制两份，并移到相应的位置。再用直线连接三个斜线的另外三个端点。效果如图 3-183 所示。

2）单击"绘图"工具栏中"直线"命令按钮 ✎，绘制边长分别为192、135，夹角为45°的平行四边形。单击"绘图"工具栏中"椭圆"命令按钮 ○，绘制长轴半径为10和短轴半径为5的椭圆。将椭圆复制6份，放置在平行四边形周围。效果如图3-184所示。

图 3-183　绘制矩形和斜线　　　　　　图 3-184　绘制平行四边形和椭圆

3）单击"绘图"工具栏中"直线"命令按钮 ✎，绘制水平和垂直的两条直线，距离斜线的前端点为20。效果如图3-185所示。

4）单击"绘图"面板中"矩形"命令按钮 ▭，绘制76×76的矩形。选择"多行文字"命令，在矩形内输入字母 A。单击"修改"面板中"复制"命令按钮 ❀，将矩形和字母一起复制四份。将其中的一个字母改为 V。完成电流表和电压表图形的绘制。效果如图3-186所示。

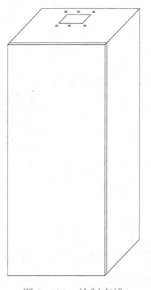

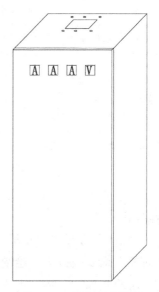

图 3-185　绘制直线　　　　　　　　　图 3-186　绘制仪表图形

5）绘制按钮和指示灯的图形，并复制多份，然后按图 3-187 所示进行布置，注意水平间距为 80，垂直间距分别为 60 和 100。

6）绘制垂直固定铜条，放置在距离后屏前面 150 的位置。效果如图 3-188 所示。

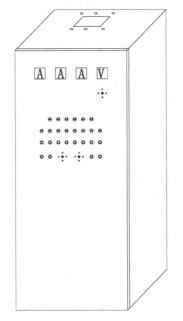

图 3-187　绘制按钮和指示灯的图形

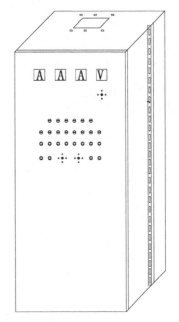

图 3-188　绘制垂直固定铜条

7）标注尺寸，最终布置效果如图 3-182 所示。

2. 柜内器件布置图

柜内器件布置图如图 3-189 所示。图中大多数电气设备的图形均用矩形或正方形代替，只要按要求布置就可以了。只有 7P 小型断路器和四个塑壳断路器的图形比较复杂，只要绘制出这两个图形，难度就小了。

绘制步骤如下：

1）绘制长 800、高 1700 的矩形。将简单的电流互感器 TA 图形、中间继电器 KA 的图形、时间继电器 KT 图形、交流接触器 KM 图形、热继电器 KH 图形、接地端子 PE 图形、接零端子 N 图形、中间接线端子 TB 图形放置在相应的位置，并填写符号及代号。效果如图 3-190 所示。

2）绘制如图 3-191 所示的塑壳断路器图形（过程略），并复制三份。单击"修改"面板中"缩放"命令按钮，将其中的一个塑壳断路器放大 1.5 倍。

3）绘制如图 3-192 所示的小型断路器图形（过程略）。

4）将小型断路器和塑壳断路器的图形放置在图 3-190 中，再进行布局与调整。最终效果如图 3-189 所示。

　　技巧宝典　AutoCAD 不分解块提取图形的方法如图 3-193 所示

命令：NC

方法：命令行输入 NC，依次选择要提取的图形元素，然后拖出即可。

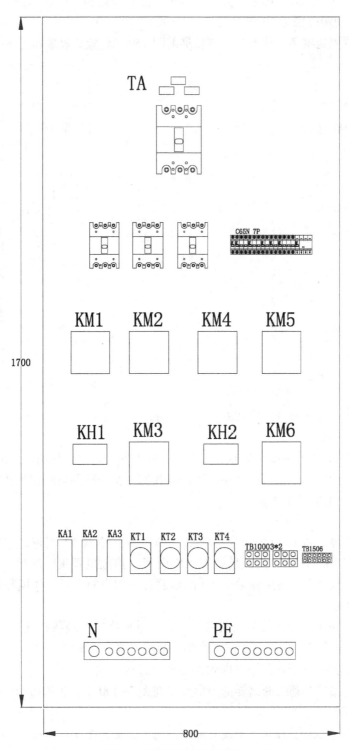

图 3-189　柜内器件布置图

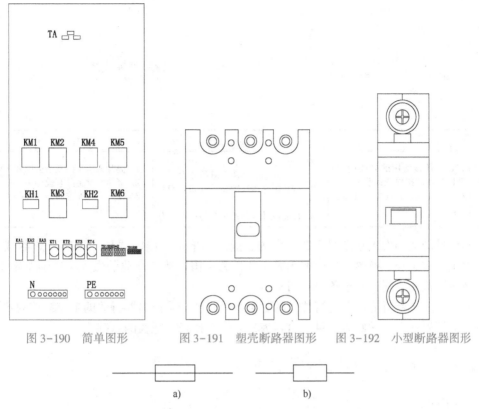

图 3-190　简单图形　　　图 3-191　塑壳断路器图形　　图 3-192　小型断路器图形

a)　　　　　　　　　　b)

图 3-193　AutoCAD 不分解块提取图形的方法

a) 提取前的块　b) 提取后的图形

　🔵 **技巧宝典**　定数等分小技巧如图 3-194 所示

　　方法：将用来作等分符号的图形定义成块，进而应用 DIV 命令，先后输入 B 及块名称，等分数量，即可完成定数等分。如图 3-194 所示。

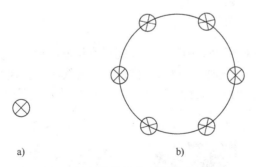

a)　　　　　　　　b)

图 3-194　定数等分小技巧的方法

a) 块　b) 用块定数等分

项目四　工控系统图的绘制

知识目标	能力目标	素质目标
了解 PLC 硬件接线图的主要内容；掌握绘制 PLC 硬件接线图的步骤及接线图绘制规范；做到工程实例与行业规范相结合	培养学生： 1. 分析问题、解决问题的能力 2. PLC 硬件接线图相关知识的获取能力 3. 行业设计规范的掌握与理解能力	1. 提升大学生的政治认同和学科认同 2. 培养大学生具有爱国主义精神 3. 提升学生们的主人翁精神，热爱家乡，热爱祖国

本项目的案例大多数来源于四平市的企业。四平市在国内独享"中国换热器城"之美称，这里汇聚了众多换热器产业的优秀企业，为中国换热器产业的做大、做强奠定了基础。国家换热器检验检测中心也落户在四平市。

四平市的企业目前正在进行技术的更新换代，特别是换热器行业的工控系统的水平已经处于全国领先水平。学好本项目的内容为将来的工作打下坚实的基础。

任务 4.1　PLC 硬件接线图的绘制

【教中学】

本任务是绘制 PLC 硬件接线图，包括主电路、开关电路、显示电路等几部分。图中对象主要由几个相同的元件组成，只要完成其中的主要元件的编辑，便可快速绘出图形。主要元件包括按钮 SB、动断（常闭）触点 KM、交流接触线圈 KM、热继电器常闭触点 FR、熔断器 FU、LED 显示器件等，还有核心器件 FX2N-128MR 型 PLC，最后通过导线连接元件，完成硬件图的绘制。

【做中学】

1. 配置制图环境

设计图样一定要事先配置好制图环境，使图样有更好的层次，方便阅读。步骤如下：

1）单击"新建"按钮，选择 acad.dwt 样板文件为模板，新建文件，如图 4-1 所示。将新建文件保存，文件名为"PLC 硬件接线图.dwg"，如图 4-2 所示。

图 4-1　新建文件

图 4-2　保存文件

2) 单击"图层"面板上的"图层特性管理器"按钮，打开图层特性管理器，新建图层。各图层配置如图 4-3 所示。

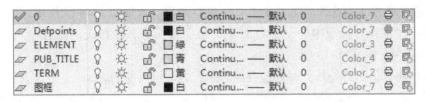

图 4-3 图层配置

2. 基本元器件符号绘制

（1）几种元器件符号 由于基本元器件符号在前述章节中已经绘制过，可以采用复制的方法，也可以用插入外部块的方法完成绘制。

基本元器件符号包括：如图 4-4 所示按钮常开触点符号；如图 4-5 所示按钮常闭触点符号；如图 4-6 所示交流接触器常闭触点符号；如图 4-7 所示交流接触器常开触点符号。这些符号在图中的位置都有严格的规定，例如，"上开下闭，左开右闭"，就是指按钮和交流接触器的常开触点和常闭触点水平放置时开口方向向上绘制，闭合向下方绘制。当按钮和交流接触器的常开触点和常闭触点垂直放置时开口方向向左绘制，闭合向右方绘制。如图 4-8 所示接近效应开关符号；如图 4-9 所示延时断开触点符号；如图 4-10 所示交流接触器线圈符号；如图 4-11 所示指示灯符号（绘制步骤略）。

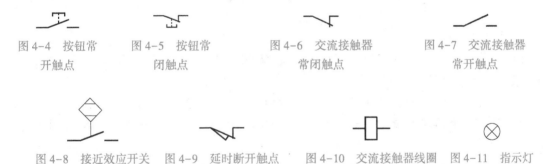

图 4-4 按钮常 　图 4-5 按钮常 　图 4-6 交流接触器 　图 4-7 交流接触器
　开触点 　　　　闭触点 　　　　　常闭触点 　　　　　常开触点

图 4-8 接近效应开关 　图 4-9 延时断开触点 　图 4-10 交流接触器线圈 　图 4-11 指示灯

（2）LED 显示器件

1）单击"绘图"面板中的"矩形"命令按钮，绘制 14×18 的矩形。左键双击矩形，在弹出菜单中选择"宽度"，如图 4-12 所示。在弹出的"指定所有线段的新宽度"中输入"0.3"，改变线段宽度后，矩形的效果如图 4-13 所示。

图 4-12 改变线段宽度 　　　　　图 4-13 改变线段宽度

2）单击"绘图"面板中的"多段线"命令按钮 ，绘制长为 5，宽为 0.3 的多段线，复制 4 条相同的直线。单击"修改"面板中"旋转"命令按钮 ，将其中一条直线旋转 90°，再复制三条相同的直线。通过移动拼成 LED 数字，效果如图 4-14 所示。

3）单击"注释"面板中的"多行文字"命令按钮 **A**，在相应的位置输入文字，作为 LED 显示器符号。如图 4-15 所示。

【提示】将以上组件均作为外部块存储起来，方便以后使用。

（3）绘制节点 绘制节点有多种方法。可以先绘制圆然后进行填充，也可以用圆环工具绘制。下面介绍采用"圆环"命令绘制节点的方法。

选择菜单"绘图"面板中的"圆环"命令，指定圆环内径为 0，圆环外径为 1.5。绘制的节点效果如图 4-16 所示。

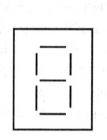

图 4-14　绘制多段线

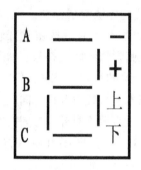

图 4-15　LED 显示器件

图 4-16　绘制节点

3. 主电路绘制

1）单击"图层"面板上的"图层特性管理器"按钮 ，打开图层特性管理器，将"0"层设置为当前层。

2）单击"绘图"面板中的"多段线"命令按钮 ，绘制两条长为 60、两条长为 265 的多段线，并将线段宽均设置为 0.3，将四条线段连接成矩形形状。效果如图 4-17 所示。

【说明】没有直接绘制矩形，而是绘制四条线段组成矩形，原因是将矩形分解后，四条线段的宽就改变了，自己操作试一试。

3）单击"注释"面板中的"多行文字"命令按钮 **A**，在矩形上边框处输入文本 COM，字体大小为 3。单击"修改"面板中的"阵列"命令按钮 ，设置阵列 38 行，行偏移为 -6，将以上文字阵列，并向右侧复制一份。修改相应的文字，调整后效果如图 4-18 所示。

4）将按钮常开触点符号、按钮常闭触点符号、交流接触器常闭触点符号、交流接触器常开触点符号、接近效应开关符号、延时断开触点符号、交流接触器线圈符号、指示灯符号等放置在图 4-18 的相应位置。单击"绘图"面板中的"直线"命令按钮 ，用直线连接电路。效果如图 4-19 所示。

4-1　PLC 硬件原理图绘制

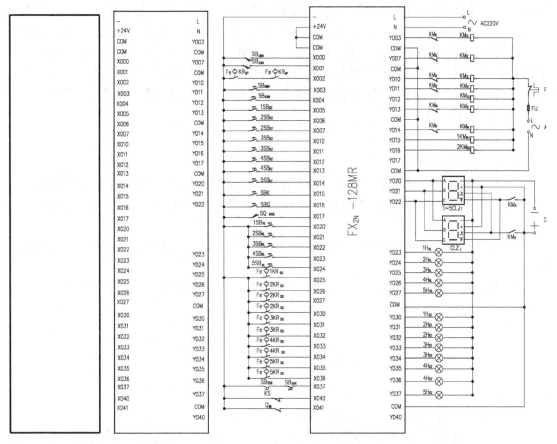

图 4-17 四条线段 图 4-18 修改文字   图 4-19 PLC 硬件电路

任务 4.2 变频恒压供水一用一备一次回路电气图的绘制

【教中学】

变频器全称为变频变压调速器 VVVF (variable voltage & variable frequency-inverter)。它采用大功率晶体管 GTR 作为功率元件，以单片机为核心进行控制，采用 SPWM 正弦脉宽调制方式，是电力电子与计算机控制相结合的机电一体化产品。它将随着功率元件和计算机技术的发展，体积会更小，质量会更轻，性能优于以往的变极调速、串阻调速、滑差电动机调速等交流电动机调速方式，并且将会取代直流电动机调速。用交流异步电动机取代直流电动机，将使调速系统更加简单。

变频器相关电气原理图一般由主电路、控制电路、保护、配电电路等几部分组成。绘制变频器原理图的一般规律如下。

1) 绘制主电路时，应依规定的电气图形符号用粗实线画出主要控制、保护等用电设备，如断路器、熔断器、变频器、热继电器、电动机等，并依次标明相关的文字符号。

2) 控制电路一般由开关、按钮、信号指示、接触器、继电器的线圈和各种辅助触点构成，无论简单或复杂的控制电路，一般均是由各种典型电路（如延时电路、联锁电路、顺控电路等）组合而成，用以控制主电路中受控设备的起动、运行、停止等，使主电路中的设备按设计工艺的要求正常工作。对于简单的控制电路，依据主电路要实现的功能，结合生产工艺要求及设备动作的先、后顺序依次分析，仔细绘制。对于复杂的控制电路，要按各部分所完成的功能，分割成若干个局部控制电路，然后与典型电路相对照，找出相同之处，本着"先简后繁、先易后难"的原则逐个画出每个局部环节，再找到各环节的相互关系。

【做中学】

1. 三相四线

绘制三相四线的步骤如下：

1）单击"绘图"面板中"直线"命令按钮 ✏，绘制长为130的直线。单击"修改"面板中的"偏移"命令按钮 ⬚，将直线向下偏移，距离分别为4、8和12。效果如图4-20所示。

【提示】偏移直线操作可采用"阵列"命令完成，读者可比较其与"偏移"命令操作的优劣。

2）选中最下方的直线然后双击左键，在弹出的"特性"对话框中修改"线型"，改为DASH。效果如图4-21所示。

<table>
<tr><td>图4-20　偏移直线</td><td>图4-21　修改线型</td></tr>
</table>

2. 断路器符号

1）绘制如图4-22所示1P断路器符号（步骤略）。

2）单击"修改"面板中"阵列"命令按钮 ⬚，将图4-22所示符号阵列为3列，列偏移为5。单击"绘图"面板中"直线"命令按钮 ✏，绘制经过三个开关刀片符号中点的直线，并将线型改为虚线。效果如图4-23所示。

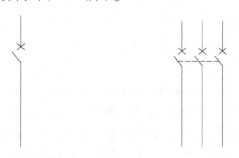

图4-22　1P断路器符号　　　　图4-23　3P断路器符号

3. 绘制保护测量部分

1）单击"绘图"面板中"圆"命令按钮 ◯，绘制 $\Phi3$ 的圆。效果如图4-24所示。

2）单击"修改"面板中"复制"命令按钮 ⬚，将圆复制一份，并向下移动，距离为3。单击"绘图"面板中"直线"命令按钮 ✏，捕捉两个圆的圆心并用直线连接。效果如图4-25所示。

3）在命令行输入Lengthen命令，选择图4-25中直线，分别向上、向下拉长。效果如图4-26所示。

4）单击"修剪"命令按钮 ⊷ 和"删除"命令按钮 ✐，以垂直直线为修剪边，对圆进行修剪，并删除垂直直线，填写辅助字母 M、N。效果如图 4-27 所示。

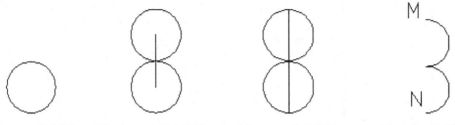

图 4-24　绘制圆　　　图 4-25　直线连接圆心　　　图 4-26　拉长效果　　　图 4-27　绘制电感

5）单击"直线"命令按钮 ✐，以 M 为起点，绘制水平直线，长为 14。用同样的方法绘制以 N 为起点的另一条水平直线。捕捉两条直线的左端点并用直线连接，效果如图 4-28 所示。

6）单击"绘图"面板中"圆"命令按钮 ⊙，捕捉直线 2 的左端点，以其为圆心绘制 Φ3 的圆。单击"移动"命令按钮 ✛，将圆向右平移至直线 2 的中点，并将标识字母及数字删除，效果如图 4-29 所示。

7）单击"修剪"命令按钮 ⊷，将圆内直线进行修剪，效果如图 4-30 所示。

图 4-28　连接直线　　　　图 4-29　绘制并移动圆　　　　图 4-30　修剪

8）单击"绘图"面板中"直线"命令按钮 ✐，绘制接地符号，效果如图 4-31 所示。

9）选择"修改"面板中的"移动"命令，将接地符号连入图 4-30 中的适当位置。并通过两个半圆的圆心绘制一条垂直直线，作为线圈的铁心符号。效果如图 4-32 所示。

4. 绘制接线端子

单击"绘图"工具栏中"圆"命令按钮 ⊙，绘制 Φ1 的圆。单击"绘图"面板中"直线"命令按钮 ✐，捕捉圆心绘制与水平方向成 45°角的直线。效果如图 4-33 所示。

图 4-31　接地符号　　　　图 4-32　保护测量部分　　　　图 4-33　绘制接线端子

5. 变频器图形的绘制

1）单击"绘图"面板中"矩形"命令按钮 ▭，绘制 35×64 的矩形。效果如图 4-34 所示。

2）单击"绘图"面板中的"直线"命令按钮 ✐，绘制相关接线。效果如图 4-35

所示。

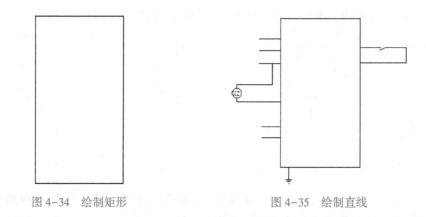

图 4-34　绘制矩形　　　　　　　　　　图 4-35　绘制直线

3）单击"注释"面板中的"多行文字"命令按钮 **A**，在图 4-35 中填写项目代号及相关文字信息，组成 1 号变频器图形。效果如图 4-36 所示。

4）单击"修改"面板中"复制"命令按钮，将 1 号变频器图形复制一份，并改成 2 号变频器图形。效果如图 4-37 所示。

6. 电动机符号

绘制如图 4-38 所示的电动机符号，绘制过程略。

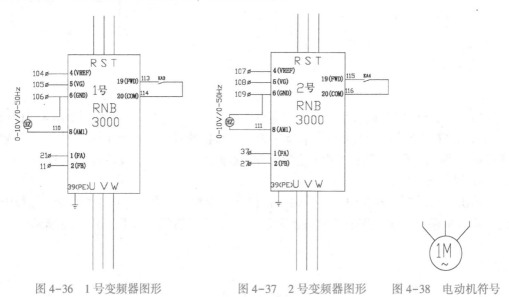

图 4-36　1 号变频器图形　　　　　　图 4-37　2 号变频器图形　　　图 4-38　电动机符号

7. 布局与调整

运用"正交""对象捕捉""对象追踪"等命令，将图形、符号移动到合适的位置。由于各个图形的尺寸大小不一，在视图上可能不协调，因此，可以利用"缩放"命令进行适当调整。单击"绘图"面板中的"直线"命令按钮，绘制连接线。添加项目代号等文字信息，在相应的位置添加接线端子。效果如图 4-39 所示。

8. 远程压力表

1）绘制如图 4-40 所示的远程压力表图形。

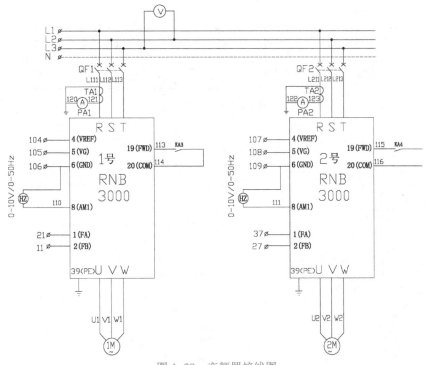

图 4-39　变频器接线图

2）放置常开和常闭触点开关符号，绘制外围连线，效果如图 4-41 所示。

3）添加文字。单击"注释"面板中"文字"命令按钮 **A**，在接入导线旁边书写这些符号的项目代号，效果如图 4-42 所示。

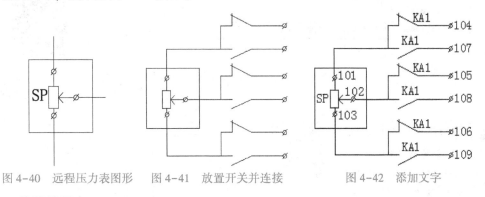

图 4-40　远程压力表图形　　图 4-41　放置开关并连接　　图 4-42　添加文字

9. 接线端子表

接线端子表如图 4-43 所示。表中有部分文字没有居中，但不影响对图的理解。当图样中出现这种情况时，读者可自行尝试将文字部分处理成规范格式。

10. 整理全图

将以上绘制的各个图形放置在同一个页面中，并进行布局与调整；认真查找遗漏和错误，并进行修改。效果如图 4-44 所示。

【提示】图 4-44 中还缺少图框和标题栏，可以现绘制图框和标题栏，也可以插入已经做成外部块的图框和标题栏，组成一张比较规范的电气工程图样。可参看教材配套资料中的源文件。

X1: 接线端子

L1	L2	L3	N	U1	V1	W1	U2	V2	W2	101	102	103	1	3	PE
三相四线电源				1号泵			2号泵			遥控压力表SP			浮球开关SL		接地

图 4-43 接线端子表

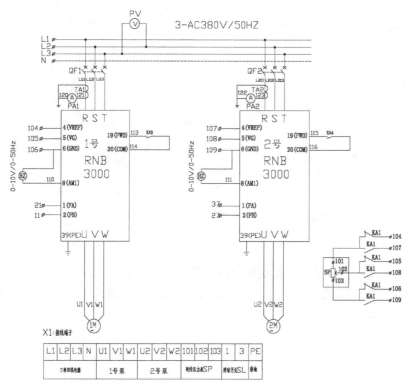

图 4-44 变频恒压供水一用一备一次回路电气原理图

4-2 恒压供水
电气原理图绘制

技巧宝典 AutoCAD 中插入 PDF 参考底图的方法

在 AutoCAD 界面中选择"插入"菜单，在出现的下拉菜单中选择"PDF 参考底图"选项，选择插入点即可。

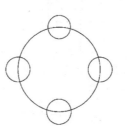

4-3 CAD 中插入
PDF 参考底图

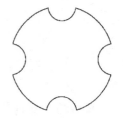

图 4-45 修剪前和修剪后对比

提速宝典 一秒差集修剪

修剪前和修剪后对比如图 4-45 所示。

命令：SUB

方法：将所有图形做成面域后，在命令行输入 SUB ，依次选择被减形体和要减掉的形体即可。

4-4 一秒差
集修剪

项目五 机电一体化工程图的绘制

知识目标	能力目标	素质目标
1. 了解导油供电图和变压器油箱的结构和基本组成 2. 掌握导油供电图中常用图形符号和文字符号的绘制方法 3. 掌握三视图的画法 4. 强化对机电液气一体化工程图和供电设备图有关知识的掌握、理解与吸收 5. 将绘图规则与实际工程案例相结合	1. 培养学生分析问题、解决问题的能力 2. 机电液气一体化图相关知识的获取能力 3. 制定机电液气一体化图表达方案的能力 4. 三视图相关知识的获取能力 5. 作图不但要正确，而且图面要整洁	1. 将工匠精神的"珍视荣誉、专注一事"与学生所学专业进行结合，使其成为促进学习走向自觉、走向深入的内在驱动力 2. 工匠精神，其实一直是中华文化绵延悠长的瑰宝

1965 年，红旗 CA770 轿车开始试制。众所周知，新中国建立之后，底子很薄，红旗轿车创造出了神话。在工业上近乎一无所有的吉林一汽人，闯过了合金配料、熔化、浇铸等铸造、工艺、精度等一个个难关。自动变速器从一窍不通到拆解，到做出来，到装上车，只用了 26 天，这个速度即使是现在也不可想象。

作为中国汽车工业的开端，红旗轿车寄托着中国汽车工业的灵魂与荣耀。不仅是一辆车的概念，更代表着国人矢志不渝的理想追求和中国工匠精神。背后的故事，有艰难、有困苦，有国外技术的限制也有国内技术的突破，一步步地跨越至今，红旗依旧是中国汽车业技术层面的最强体现。从设计到材质的选择再到技术表现，红旗轿车每每在新车推出后都让人刮目相看。而放眼全球，历史文化沉淀，恰是工匠精神中最难赶超的一项。

本单元的内容是制造业中常见的机电一体化类图样的绘制。要想熟练掌握，就应该学习"红旗人的工匠精神"；并坚信"工匠不死，希望不止"。民族复兴的重任，制造业学生当仁不让！

任务 5.1 某油站导油供电图的绘制

【教中学】

油站导油供电图中即包括供电系统图，又包括导油系统图。供电图是指电路进线和系统电力分配的综合性图样，含有开关规格及编号、进户线的规格、分路线的规格、穿管的方式、总回路数、分路的名称等一些内容。导油图看图时要先读进油路，从执行元件出发读向油泵。后读回油路，读向油箱。或者从泵供油开始，一步步经换向阀到执行机构，在图样上先分析各执行机构的主油路，再分析控制油路等。在读图前，先弄清楚液压缸、液压马达的动作规律、要求和工艺参数。

绘制本电路图时一些导油设备符号的绘制是重点，要区分截止阀、单向阀这些非常相似的符号及应用场合。在理解设备操作程序的基础上绘制本任务的图样。

【做中学】

1. 油站导油供电图：设备元件符号

绘制步骤如下：

1）截止阀符号的绘制。单击"绘图"面板中的"正多边形"命令按钮，绘制一个边长为 3 的正三角形，并将三角形向右镜像一份。单击"绘图"面板中的"多段线"命令按钮，从正三角形左右边的中点分别向两侧绘制长为 5，线宽为 1 的直线，得到如图 5-1 所示的截止阀符号。

2）单向阀符号的绘制。将图 5-1 所示的截止阀符号复制一份，在右侧的正三角形中，过三角形重心绘制一条垂直的竖线，得到如图 5-2 所示的单向阀符号。

3）软管接头符号的绘制。绘制一个 2×4 的矩形，并在右侧长边中点引两个指向左侧长边端点的直线，然后删除右侧长边；单击"绘图"面板中的"多段线"命令按钮，从左侧长边中点向左侧绘制长为 5，线宽为 1 的直线，得到如图 5-3 所示的软管接头符号。

4）液位信号器符号的绘制。绘制边长为 4 的正方形，在下边中点绘制长为 3 的直线，在正方形中绘制 L 形符号，得到如图 5-4 所示的液位信号器符号。

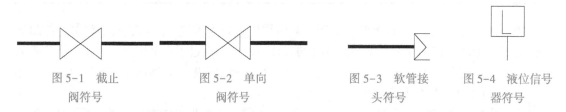

图 5-1　截止　　　　图 5-2　单向　　　　图 5-3　软管接　　　图 5-4　液位信号

　　　阀符号　　　　　　　阀符号　　　　　　　头符号　　　　　　器符号

5）液压泵符号的绘制。绘制半径为 6 的圆；再按如下命令行的提示绘制黑三角形符号，将黑三角形符号的顶点移到圆的上象限点，得如图 5-5 所示的液压泵符号。

```
命令：_pline
指定起点：(任意一点)
当前线宽为 0.0000
指定下一个点或 [圆弧(A)/半宽(H)/长度(L)/放弃(U)/宽度(W)]：w
指定起点宽度<0.0000>：3(底宽 3)
指定端点宽度<3.0000>：0
指定下一个点或 [圆弧(A)/半宽(H)/长度(L)/放弃(U)/宽度(W)]：2.8(高 2.8)
指定下一点或 [圆弧(A)/闭合(C)/半宽(H)/长度(L)/放弃(U)/宽度(W)]：*取消*
```

6）压力过滤器符号的绘制。绘制边长为 3.5 的正方形，并在其内部绘制直径为 3.5 的圆；在圆内输入代表压力的字母 P；绘一条长为 5.5 的直线，与正方形下边距离为 1，并左右对称；在直线两端绘制长为 1 的直线，再从正方形的左右两边向下绘制两条长为 1 的直线，组成如图 5-6 所示的压力过滤器符号。

7）真空过滤器符号的绘制。将图 5-6 所示的压力过滤器符号复制一份，将字母 P 用字母 V 代替，得到如图 5-7 所示的真空过滤器符号。

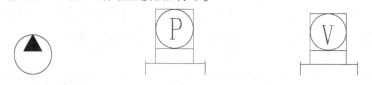

图 5-5　液压泵符号　　　图 5-6　压力过滤器符号　　　图 5-7　真空过滤器符号

8) 油槽车符号的绘制。绘制一个 5×3.5 的矩形，并在两个短边各绘制一个直径为 3.5 的半圆，如图 5-8 所示。

9) 绘制一个 2.5×5 的矩形，单击"修改"面板中的"倒角"命令按钮 ，按命令行的提示操作。在右侧边倒角处绘制一条直线，如图 5-9 所示。

```
命令：_chamfer
（"修剪"模式）当前倒角距离 1 = 1.5000,距离 2 = 2.0000
选择第一条直线或 [放弃(U)/多段线(P)/距离(D)/角度(A)/修剪(T)/方式(E)/多个(M)]：d
指定第一个倒角距离<1.5000>：1.5
指定第二个倒角距离<1.5000>：2
选择第一条直线或 [放弃(U)/多段线(P)/距离(D)/角度(A)/修剪(T)/方式(E)/多个(M)]：(上边)
选择第二条直线,或按住〈Shift〉键选择要应用角点的直线：(右边)
```

10) 绘制一个 11×1.2 的矩形；绘制半径分别为 0.2 和 0.8 的两个同心圆，并复制一份，组合在一起，如图 5-10 所示。

11) 将第 8)~10) 步所绘制的图形合成在一起，组成如图 5-11 所示的油槽车图形。

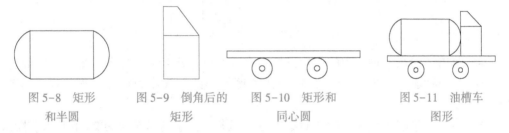

图 5-8　矩形　　　图 5-9　倒角后的　　　图 5-10　矩形和　　　图 5-11　油槽车

和半圆　　　　　　矩形　　　　　　同心圆　　　　　　图形

2. 图例表的绘制

将第 1)~11) 步绘制的设备元件符号放入表格中，调整符号的大小，并输入符号名称，结果如图 5-12 所示。

图　　例

图例	名称	图例	名称
⊳◁	截止阀	⊳	软管接头
⊳◁	单向阀		液位信号器
P	压力过滤器	◭	液压泵
	油槽车		真空过滤器

图 5-12　图例表

3. 设备明细表的绘制

单击"绘图"面板中的"表格"命令按钮 ，绘制如图 5-13 所示的设备明细表（过程略）。

设备明细表

序号	设备名称	规格型号	单位	数量
1	压力过滤器	LY-30	台	1
2	真空过滤器	ZJB-0.6KY	台	1
3	液压泵	2CY-3/3.3-1	台	2
4	溢油箱液压泵	2CY-12/6-1	台	1

图 5-13　设备明细表

4. 油站导油供电图：供排油系统图

还是采用先绘制单个设备符号，再统一组合调整的方法。步骤如下：

1）绘制如图 5-14 所示的推力上导油槽符号，设置正方形的边长为 20，其他直线尺寸自由掌握。

2）将图 5-14 所示的推力上导油槽符号复制一份，单击"修改"面板中的"拉伸"命令按钮，按图 5-15 所示方式选择拉伸对象（注意对角点的选择是从右下到左上），将对象向左拉伸 8，绘制出如图 5-16 所示的下导油槽符号。

3）将图 5-16 所示的下导油槽符号复制一份，将液位标记下移 6，对右上角进行倒角操作，倒角距离分别为 4 和 8，绘制出如图 5-17 所示的水导油槽符号。

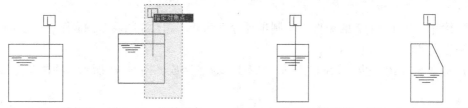

图 5-14　上导油槽符号　图 5-15　拉伸对象　图 5-16　下导油槽符号　图 5-17　水导油槽符号

4）单击"绘图"面板中的"矩形"命令按钮，绘制 45×22.5 的矩形。单击"绘图"面板中的"直线"命令按钮，绘制 3 条长度不一的直线作为液位标识，效果如图 5-18 所示。

5）单击"绘图"面板中的"直线"命令按钮，绘制两条长为 28 的直线，距离矩形的左右端点为 10。单击"修改"面板中的"圆角"命令按钮，在两条直线上端分别单击生成回油箱符号，效果如图 5-19 所示。

6）用虚线绘制两根垂直相交的轴线，长度分别为 145 和 280。单击"绘图"面板中的"矩形"命令按钮，绘制 28×26 的矩形，并将该矩形上边移动到距离轴线交点 8 的位置，如图 5-20 所示。

7）单击"绘图"面板中的"矩形"命令按钮，在 28×26 的矩形上方对称绘制一个 12×3 的矩形；在 28×26 的矩形的左侧和右侧采用"上对齐"方式各绘制一个 7×17 的矩形。单击"修改"面板中的"分解"命令按钮，将 7×17 的两个矩形分解，并将上下边各拉长 2，效果如图 5-21 所示。

8）单击"绘图"面板中的"圆弧"命令按钮，在左右两侧各绘制半径为 15 和 20 的圆弧；在垂直轴线两侧各绘制一条直线，距离为 3，得如图 5-22 所示的 1 号机组的图形。

9）将本任务中所绘制的机组图形、回油箱符号、导油槽符号、压力过滤器符号、真空过滤器符号、油槽车符号、液压泵符号、液位信号器符号、单向阀符号、软管接头符号、截止阀符号等相关符号，放置在同一个页面中，调整布局及大小，并用直线和多段线连接，填写相应的项目代号及线标等对象。完成的供排油系统图如图 5-23 所示。

5. 油站导油供电图：油处理室

绘制步骤如下：

1）单击"绘图"面板中的"矩形"命令按钮，绘制一个 45×50 的矩形，单击"绘图"面板中的"直线"命令按钮 ✏️，绘制两条斜线，组成如图5-24所示的油罐图形。

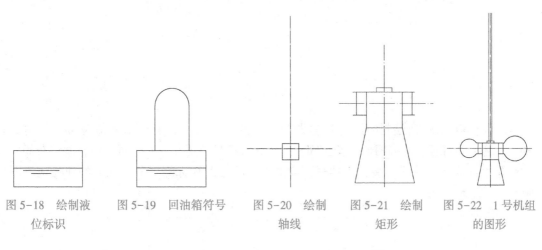

图5-18 绘制液 图5-19 回油箱符号 图5-20 绘制 图5-21 绘制 图5-22 1号机组
位标识 轴线 矩形 的图形

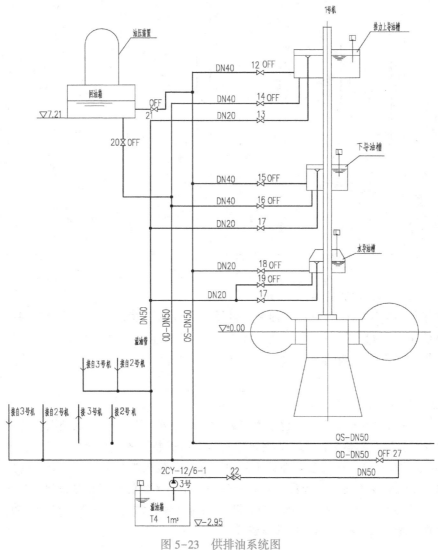

图5-23 供排油系统图

图 5-24 油罐图形

2）将本任务中所绘制的压力过滤器符号、液压泵符号、液位信号器符号、单向阀符号、软管接头符号、油罐图形、截止阀符号等相关符号放置在同一个页面中，调整布局及大小，并用直线和多段线连接，再填写相应的项目代号及线标等对象。完成的油处理室图如图 5-25 所示。

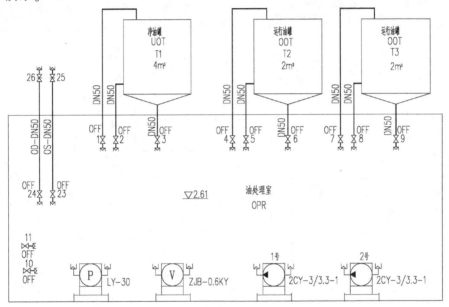

图 5-25 油处理室图

6. 某油站导油供电图的绘制

将本任务中的图例表、设备明细表、供排油系统图、油处理室图和操作程序表放置在同一个页面中，调整布局及大小，并用直线和多段线连接，再仔细校核与修改，最终得到某油站导油供电图，如图 5-26 所示（详见教材配套资源/项目五/任务一某油站导油供电图）。

技巧宝典

图 5-26 中图形对象较多，关键是在理解图形对象原理与功能的基础上，将原图分解成若干个图形对象，分别绘制。然后再通过布局、大小调整、连接等步骤完成全图的绘制。另外，图 5-26 是机电液一体化相结合的系统图，除了掌握电气知识外，还要了解液压的一些相关知识，这就需要查阅一些资料，只有知识面广了，才能够绘制出标准规范的图样来。所以说，不能将 AutoCAD 绘图单独理解为只是对绘图方法的掌握，一定要有一定的专业基础，并且能够将二者有机结合，相互促进与提高。

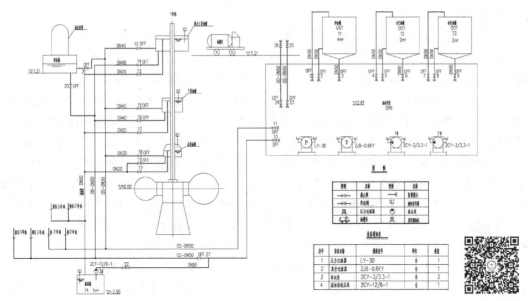

图 5-26　某油站导油供电图

5-1　某油站导油供电图绘制

任务 5.2　变压器油箱三视图的绘制

【教中学】

1. 变压器油箱的结构形式

油浸电力变压器油箱的结构可分为平顶式和拱顶式两种。油箱既是变压器的外壳，又是盛变压器油的容器。油箱是用 6~12 mm 厚的钢板焊成的。平顶式油箱的箱盖是平的，多用于中小型变压器。拱顶式油箱的箱沿设在下部，上节箱身做成钟罩型，多用于大型变压器。箱身做成椭圆形，箱壁还用槽钢 或工字钢做成水平腰箍或垂直加强带，机械强度较高，所需油量较少。为了散热，小容量变压器的油箱上装设圆管形或扁管形散热器。对于大容量变压器，在油箱壁上焊有安装散热器等的连接法兰和各个附属部件的安装孔及连接装置。散热器上还装有风扇、潜油泵等，以加快变压器油和空气的流动速度。下节箱身还装有放油阀门、取油样阀门、接地螺栓和安装滚轮或底座的附件。

2. 三视图

三视图是观测者从三个不同位置观察同一个空间几何体而画出的能够正确反映物体长、宽、高尺寸的正投影工程图（主视图、俯视图、左视图三个基本视图），是工程界一种对物体几何形状约定俗成的抽象表达方式。

（1）三视图的投影规则　主视、俯视，长对正；主视、左视，高平齐；左视、俯视，宽相等。

（2）三视图的画法

1）进行形体分析。把组合体分解为若干形体，并确定它们的组合形式，以及相邻表面间的相互位置。

2）确定主视图。三视图中，主视图是最主要的视图。画主视图时先确定放置位置再确定主视图投射方向。

3）选比例，定图幅。画图时，尽量选用 1:1 的比例。这样既便于直接估量组合体的大小，也便于画图。按选定的比例，根据组合体长、宽、高预测出三个视图所占的面积，并在视图之间留出标注尺寸的位置和适当的间距，据此选用合适的标准图幅。

4）布图、画基准线。先固定图纸，然后，画出各视图的基准线，这样每个视图在图纸上的具体位置就确定了。基准线是指画图时测量尺寸的基准，每个视图需要确定两个方向的基准线。一般常用对称中心线，轴线和较大的平面作为基准线，逐个画出各形体的三视图。

5）画法。根据各形体的投影规律，逐个画出形体的三视图。画形体的顺序：一般先实（实形体）后空（挖去的形体）；先大（大形体）后小（小形体）；先画轮廓，后画细节。画每个形体时，要三个视图联系起来画，并从反映形体特征的视图画起，再按投影规律画出其他两个视图。对称图形、半圆和大于半圆的圆弧要画出对称中心线，回转体一定要画出轴线。对称中心线和轴线用细点画线画出。

6）检查、描深，最后全面检查。底稿画完后，按形体逐个仔细检查。对形体中的垂直面、一般位置面、形体间邻接表面、处于相切、共面或相交特殊位置的面、线，用面、线投影规律重点校核，纠正错误和补充遗漏。按标准图线描深，可见部分用粗实线画出，不可见部分用虚线画出。

【做中学】

变压器油箱的绘制与电气系统图和原理图等的绘制有较大的区别，绘制的电气设备需要有严格的尺寸和外形，绘制方法与机械制图十分相似。因此，本任务是典型的机电设备绘图。

1. 主视图

绘制步骤如下：

1）选比例，定图幅。先选用 1:1 的比例。定 A0 图纸。

2）布图、画基准线。画出主视图的基准线。单击"绘图"面板中"直线"命令按钮，绘制互相平分的两条长均为 1200 的直线，将线型设置为 ACAD。效果如图 5-27 所示。

3）单击"图层"工具栏上的"图层管理器"按钮 ，打开图层管理器，新建图层，设置颜色及线型，并将该图层设置为"当前图层"。

4）单击"绘图"面板中"矩形"命令按钮 ，绘制 1080×8 矩形，作为箱沿图形，再绘制一个 1015×8 的矩形作为箱底图形。移动 1080×8 矩形，使之相对于垂直轴线左右对称，矩形在水平轴线上，距离水平轴线为 310。移动 1015×8 的矩形，使之相对于垂直轴线左右对称，矩形在水平轴线下，距离水平轴线为 416。效果如图 5-28 所示。

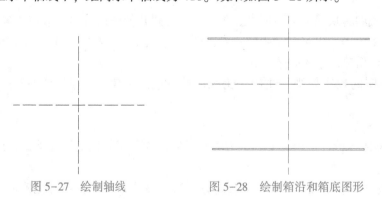

图 5-27　绘制轴线　　　　图 5-28　绘制箱沿和箱底图形

5）单击"绘图"工具栏中"直线"命令按钮 ✐，绘制两条连接上下矩形的直线，距离垂直轴线±400。效果如图 5-29 所示。

6）单击"绘图"面板中"矩形"命令按钮 ▭，绘制 16×490 的矩形，作为油管图形。单击"修改"面板中"阵列"命令按钮 ▦，在"阵列"对话框中把该矩形阵列 1 行 17 列，列距为 35。将阵列后的矩形整体移动，调整效果如图 5-30 所示。

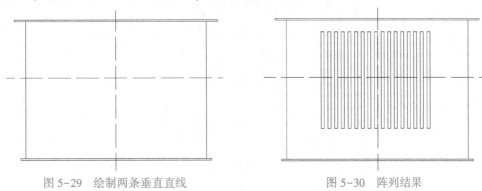

图 5-29　绘制两条垂直直线　　　　　　　　图 5-30　阵列结果

7）绘制两个吊拌图形，大小适中，放置在合适的位置。效果如图 5-31 所示。

8）单击"绘图"面板中"矩形"命令按钮 ▭，绘制 576×20 的矩形，作为腰箍图形。单击"绘图"面板中"矩形"命令按钮 ▭，绘制 160×100 的矩形，作为铭牌底板图形，并将其线型修改为 ACAD。移动两个矩形，使之与水平轴线对称。效果如图 5-32 所示。

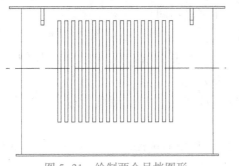 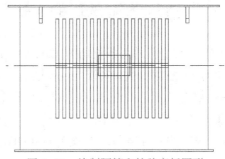

图 5-31　绘制两个吊拌图形　　　　　　图 5-32　绘制腰箍和铭牌底板图形

9）单击"修改"面板中"修剪"命令按钮 ⊹，以表示腰箍图形和铭牌底板图形的矩形为"修剪边"，修剪掉多余线段，效果如图 5-33 所示。

10）在箱底图形下面，对称绘制两个底座图形，效果如图 5-34 所示。

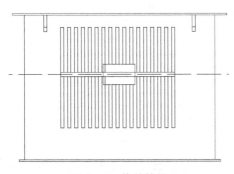 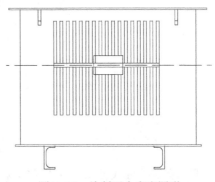

图 5-33　修剪结果　　　　　　　　　图 5-34　绘制两个底座图形

11）删除水平轴线。对主视图中的油箱尺寸进行标注，效果如图 5-35 所示。

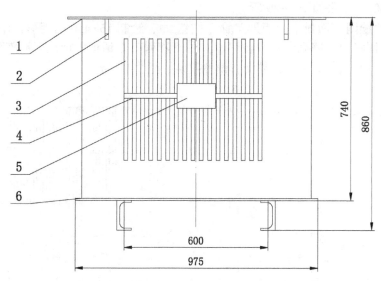

图 5-35　变压器油箱主视图

2. 俯视图

绘制步骤如下：

1）选比例，定图幅。先选用 1:1 的比例（与主视图相同）。

2）布图、画基准线。画出俯视图的基准线。单击"绘图"面板中"直线"命令按钮 ，绘制互相平分的两条长均为 1200 的直线，将线型设置为 ACAD，改变线型比例（与主视图相同）。注意使垂直轴线与主视图的垂直轴线对齐。

3）单击"图层"工具栏上的"图层管理器"按钮 ，打开图层管理器，新建图层，设置颜色及线型，并将该图层设置为"当前图层"。

4）与轴线对称绘制两条长为 600 的直线，两条直线间的距离为 350。效果如图 5-36 所示。

5）单击"修改"面板中"圆角"命令按钮 ，在两条直线两端绘制两个圆角，半径为 175。效果如图 5-37 所示。

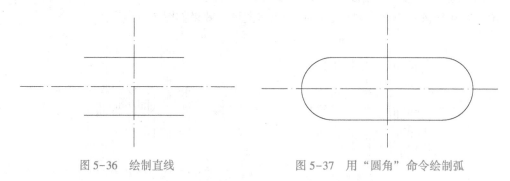

图 5-36　绘制直线　　　　　　　图 5-37　用"圆角"命令绘制弧

6）将两条水平直线分别向上和向下移动 9。单击"修改"面板中"圆角"命令按钮 ，在外侧两条直线两端绘制圆角。效果如图 5-38 所示。

7）单击"绘图"面板中"矩形"命令按钮 ▭，绘制 16×120 的矩形，作为油管图形。单击"修改"面板中"阵列"命令按钮 ▦，在"阵列"对话框中把矩形阵列 1 行 17 列，列距为 35。单击"绘图"面板中"矩形"命令按钮 ▭，绘制两个 576×5 的矩形，作为腰箍图形，移到如图 5-39 所示的位置。

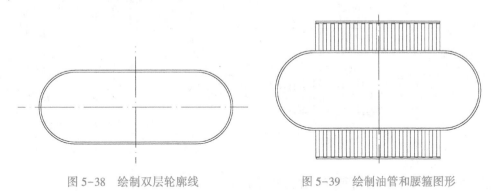

图 5-38　绘制双层轮廓线　　　　　　　图 5-39　绘制油管和腰箍图形

8）单击"修改"面板中"阵列"命令按钮 ▦，弹出"阵列"对话框，按图 5-40 所示设置环形阵列，选择油管图形，以其左侧圆弧的圆心为中心点进行阵列。效果如图 5-41 所示。

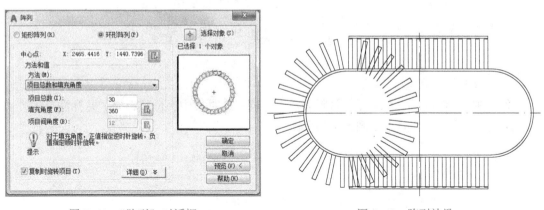

图 5-40　"阵列"对话框　　　　　　　图 5-41　阵列效果

9）单击"修改"面板中"删除"命令按钮 ✎，删除多余的油管图形。单击"修改"面板中"镜像"命令按钮 ⚞，以垂直轴线为对称轴，将左侧的油管图形镜像一份到右侧。单击"修改"面板中"镜像"命令按钮 ⚞，将下面的一个油管图形镜像到上侧，删除原对象。效果如图 5-42 所示。

3. 左视图

绘制步骤如下：

1）选比例，定图幅，布图、画基准线。单击"图层"工具栏上的"图层管理器"按钮 ▧，打开"图层管理器"，新建图层，设置颜色及线型，并将该图层设置为"当前图层"（与主视图和俯视图方法相同）。

2）绘制如图 5-43 所示的左视图。图中对象的尺寸，可根据"主视、俯视，长对正；

主视、左视，高平齐；左视、俯视，宽相等"的原则来确定（自己绘制）。

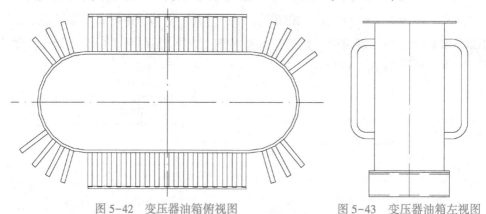

图 5-42　变压器油箱俯视图　　　　　　　图 5-43　变压器油箱左视图

4. 绘制元件材料表

元件材料表如图 5-44 所示（绘制过程略）。

6		箱　底	1	钢板B-4/Q235		
5		铭牌底板	1	钢板B-4/Q235		
4		腰　箍	2	扁钢4×20/Q235		
3		油　管	46			
2		吊　拌	4	钢板B-16/Q235		
1		箱　沿	1	扁钢6×60/Q235		
序号	代　　号	名　　称	数量	材　　料	总计 单件 质量	备　注

图 5-44　元件材料表

5. 整体布局与调整

将主视图、俯视图、左视图、材料表放置在同一个页面中，调整布局。并标注尺寸。插入图框和标题栏。最终效果如图 5-45 所示。

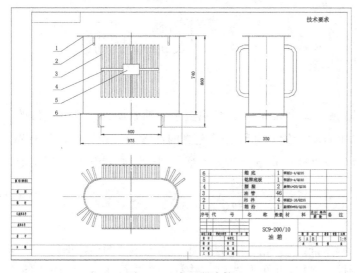

图 5-45　变压器油箱　　　　　　　　　　5-2　变压器油箱三视图绘制

项目六　建筑电气工程平面图的绘制

知 识 目 标	能 力 目 标	素 质 目 标
1. 了解基础平面图的主要内容、基础详图的主要内容 2. 掌握绘制基础平面图的步骤、变电所设计规范 3. 根据绘制基础平面图的步骤绘制高压室基础平面布置图，做到工程实例与行业规范相结合	培养学生： 1. 分析问题、解决问题的能力 2. 基础平面图相关知识的获取能力 3. 制定基础平面图表达方案的能力 4. 行业设计规范的掌握与理解	1. 深化劳模认知、增强劳模认同 2. 感悟劳动精神，体悟从坚守中成就卓越、在平凡中创造伟大的真谛 3. 发挥劳模精神、劳模品格在立德树人方面的特殊作用

琚永安，"全国劳动模范""全国五一劳动奖章"和"吉林省特等劳动模范"，获得吉林省首届"十大工匠"荣誉。琚永安 1986 年从中专毕业后分配到四平电业局，当了一名调度员。别看调度员这个岗位不起眼，但涉及面广，例如，线路、设备、计量、自动化、通信等各专业。总喜欢钻研的琚永安并不安于现状，他利用这个特殊的工作岗位练就了一身本领，解决了众多业内难题。已独立完成技术攻关 70 多项，荣获各类奖励 160 余项，取得 16 项国家专利，发表论文 20 余篇。

在琚永安还是一个调度员时，经常受理设备发热、线路断股、断线等事故处理。正常情况下，遇到这种状况后把问题解决就可以了，但琚永安在解决问题的过程中总是喜欢不断琢磨，没完没了地"找事"，研究这个问题为什么发生？再遇到类似的状况该怎么办？有没有办法减缓或防止状况再次发生？于是，琚永安研发了"电力线路焊接补强新工艺"，解决了野外条件下线伤带电处理焊接的难题。多数人都不愿意遇到麻烦，可琚永安遇到麻烦后却上了瘾。在他与麻烦打交道的过程中，研发了"零线电压偏移保护断路器"，解决了低压系统零线断线大面积烧坏家电事故的老大难问题；"防窃电计量箱"，有效避免技术窃电现象；"无源式电气设备载流导体超温警示器"，可在线监测设备的温度。针对电力线路，琚永安研发了"新式铁塔驱鸟器"，提升了驱鸟效果。另外，"异相金属化学焊接技术"的发明，解决了高山、旷野接地体焊接难题，不用笨重的发电机，一个人就可完成。"新式接续线夹"的研究成果，消除了线路过热和断线隐患，方便了带电作业。在低压电气领域，琚永安发明的"便携式液压杆塔扶正器"，单人可以扶正倾斜的水泥杆。"电压补偿调制器"的发明，解决了局部农网末端动力设备无法起动的难题。在通信、自动化等二次系统，琚永安发明的"多整流器并列电源屏"，使通信电源技术路线、先进性、可靠性全国领先。"OPGW 复合光缆自动旋切机"，在通信领域首开自动化剥缆先河，填补了国内空白。"合路电源供电器"，提高了变电站光纤保护的可靠性。"调度自动化子站仿真系统"，为自动化系统的运维、人员培训、系统调试等探索了一种新方法。

以琚永安名字命名成立了创新工作室——"琚永安劳模创新工作室"。"琚永安劳模创新工作室"涵盖电力领域 8 大专业，是 70 多人的"大家庭"。近年来，"琚永安劳模创新工作室"共完成创新成果 260 余项，各类荣誉和奖励 300 余项，获国家专利 37 项，培训人员

1300 多人次。"琚永安劳模创新工作室",获得了"吉林省经济技术创新团队"称号,被评为"吉林省示范性劳模创新工作室"和"四平市示范性劳模创新工作室"。

本项目内容难度较大,不仅要熟练掌握 CAD 绘图技艺,还要有电气、建筑等行业的专业知识做支撑。要想熟练掌握,就得像琚永安一样不怕麻烦,不怕困难,弘扬和传承劳动精神,发挥劳模精神,才能感悟劳动精神,体悟从坚守中成就卓越、在平凡中创造伟大的真谛。

任务 6.1　高压室基础平面布置图

【教中学】

1. 基础平面图概述

基础平面图是表示基槽未回填土时基础平面布置的图样。它是采用剖切房屋室内地面下方的一个水平断面图来表示的。

在基础平面图中,只需画出基础墙、构造柱、承重柱的断面以及基础底面的轮廓线,基础的细部投影都可省略不画。这些细部的形状,将具体反映在基础详图中。基础墙和柱的外形线是剖到的外形线,应画成粗实线。条形基础和独立基础的底面外形线是可见轮廓线,应画成中实线。

基础平面图中必须注明基础的大小尺寸和定位尺寸。基础的大小尺寸即基础墙宽度、柱外形尺寸以及它们基础的底面尺寸,这些尺寸可直接标注在基础平面图上,也可用文字加以说明和用基础代号等形式标注。基础代号注写在基础剖切线的一侧,以便在相应的基础详图中查到基础底面的宽度。基础的定位尺寸也就是基础墙、柱的轴线尺寸,定位轴线都在墙身或柱的中心位置。

2. 基础平面图的主要内容

①图名、比例;②纵横定位轴线及其编号;③基础梁(圈梁)的位置和代号;④断面图的剖切线及其编号(或注写基础代号);⑤轴线尺寸、基础大小尺寸和定位尺寸;⑥施工说明。

【做中学】

绘制如图 6-40 所示高压室基础平面布置图。

1. 设置绘图环境,创建新样板

新建文件。创建新样板时选择默认,完成样板创建(过程略)。

2. 定位轴线及编号

1)单击"绘图"面板中的"圆"命令按钮◎,绘制半径为500的圆;单击"绘图"面板中的"直线"命令按钮╱,捕捉到圆的下象限点,绘制一条长为2000点画线;单击"注释"面板中的"多行文字"命令按钮A,书写数字"1",并调整大小及位置,效果如图 6-1所示。

【提示】图6-1中轴线的"点画线"看不清晰,可双击该线,在弹出的"特性"对话框中修改线型比例到合适值。若不影响视图或不会产生歧义,也可以不修改。

2)单击"绘图"面板中的"复制"命令按钮◎,将轴线及编号向右复制,复制距离分别为 3500、3500、3000、3000、2500，并依次改变编号为"2、3、4、5、6"，效果如图 6-2 所示。

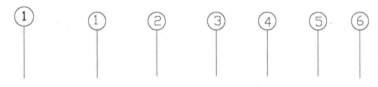

图 6-1　轴线及编号　　　　　图 6-2　复制并修改轴线及编号

3）单击"修改"面板中的"镜像"命令按钮 ⚊，选择全部垂直轴线及编号，选取镜像第一点和第二点分别为轴线"1"和轴线"3"端点，把镜像所得图形全部下移 7200，效果如图 6-3 所示。

4）按图 6-4 所示绘制两个水平轴线。轴线圆半径为 500，点画线长为 1000，在圆内分别填入文字 AB，两水平轴线垂直距离为 5500，水平距离为 18000。

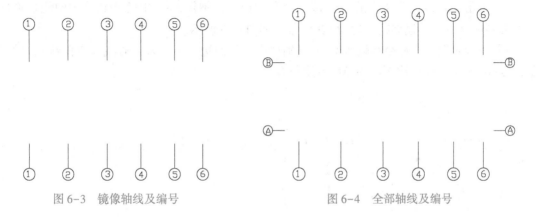

图 6-3　镜像轴线及编号　　　　　图 6-4　全部轴线及编号

3. 基础墙

🔘 **提速宝典**　一键绘制轴线或中心线和圆心标记的方法

命令：CL

方法：命令行输入 CL，分别选中两直线边，即可加入中心线。如图 6-5 所示。

命令：CM

方法：命令行输入 CM，选中圆，即可为圆加上圆心标记。如图 6-6 所示。

图 6-5　一键绘制中心线　　　6-1　一键绘制中心线　　　图 6-6　一键绘制圆心标记

基础墙绘制步骤如下：

1）单击"绘图"面板中的"矩形"命令按钮 ▭，再单击"对象捕捉"面板中的"捕捉到外观交点"命令按钮 ✕，分别选择轴线"1"和 A 的端点（图 6-7），再选择轴线"6"

和 B 的端点。绘制起点在轴线 "1"、A 交点，终点在 "6"、B 交点的矩形，效果如图 6-8 所示。

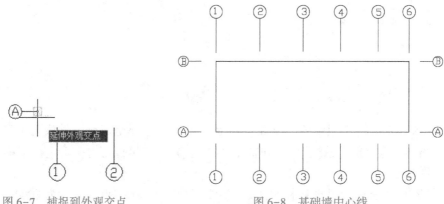

图 6-7　捕捉到外观交点　　　　　　　图 6-8　基础墙中心线

2）单击 "修改" 面板中的 "偏移" 命令按钮 ，把图 6-8 中的基础墙中间线矩形向内、外各偏移一份，偏移距离均为 120，效果如图 6-9 所示。

3）删掉中间线，命令行输入 CL，分别选中墙体两边，可加入中心线（点画线），效果如图 6-10 所示。线型比例改为 500 效果较好。

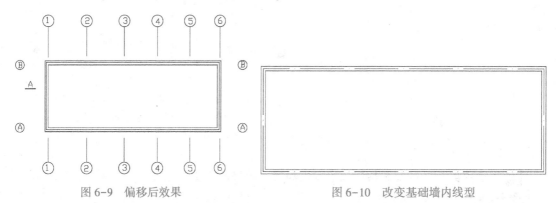

图 6-9　偏移后效果　　　　　　　　　图 6-10　改变基础墙内线型

以上基础墙的绘制是采用一键绘制轴线的方法完成的，简单快速。

4. 柱子断面

1）单击 "绘图" 面板中的 "正多边形" 命令按钮 ，以基础墙中心线矩形左上角顶点为中心点，按命令行的提示绘制正方形：

```
命令：_polygon 输入边的数目 <4>：
指定正多边形的中心点或 [边(E)]：
输入选项 [内接于圆(I)/外切于圆(C)] <I>：C
指定圆的半径：120
```

效果如图 6-11 所示。

2）单击 "绘图" 面板中的 "图案填充" 命令按钮 ，对图 6-11 所绘制的正方形进行图案填充，图案为 SOLID，效果如图 6-12 所示。

3）单击 "修改" 面板中的 "复制" 命令按钮 ，把图 6-12 中已经填充的正方形（柱子断面）复制 5 份，复制距离分别为 3500、3500、3000、3000、2500，下边基础墙也按相同方法绘制柱子断面，效果如图 6-13 所示。

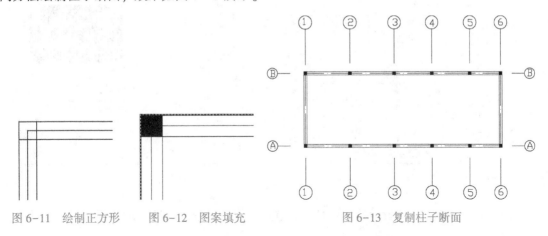

图 6-11 绘制正方形　　图 6-12 图案填充　　　　　图 6-13 复制柱子断面

4）在轴线"3"所对应的位置，补充绘制基础墙线，效果如图 6-14 所示。

5）将基础墙内线均向内"偏移"，偏移距离为 530，效果如图 6-15 所示。

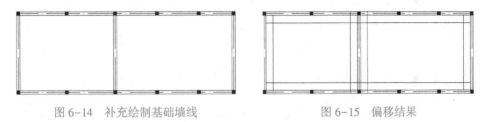

图 6-14 补充绘制基础墙线　　　　　　图 6-15 偏移结果

6）单击"修改"面板中的"修剪"命令按钮，修剪后效果如图 6-16 所示。

7）将基础墙外线均向外"偏移"，偏移距离为 530，效果如图 6-17 所示。

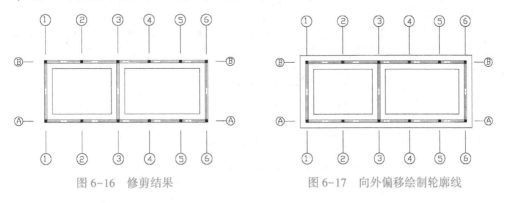

图 6-16 修剪结果　　　　　　图 6-17 向外偏移绘制轮廓线

5. 绘制尺寸界线、标高数字、索引符号和相关注释文字

绘制注释文字，效果如图 6-18 所示。

6. 标注尺寸

1）打开"新建标注样式"对话框，新建基础平面标注样式。打开"符号和箭头"选项卡，按图 6-19 所示设置符号和箭头。箭头标记为"建筑标记"，"箭头大小"为 1000；在"文字"选项卡中设置"文字大小"为 1000。将基础平面标注样式置为当前。

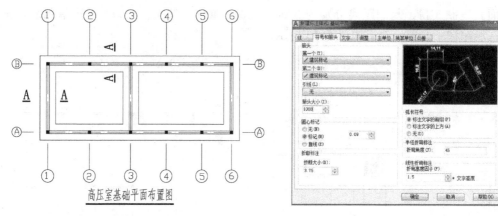

图 6-18　绘制注释文字　　　　　　　　　　图 6-19　新建标注样式

2）单击"标注"面板中的"线性"按钮┌┐，在各轴线之间进行尺寸标注，最终效果如图 6-20 所示。

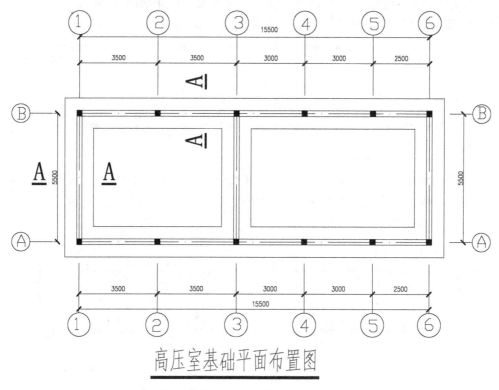

图 6-20　标注尺寸

7. 基础详图（以垂直断面图为例）

🔘 **技巧宝典**　快速创建上下标注

方法：双击标注文字，将要加上的上下标注输入，中间用"^"隔开，选中上下标注及"^"，再选择"标注"面板中的"堆叠"命令 🔲 即可。如图 6-21 所示。

图 6-21　快速创建上下标注　　　　　　　　6-2　快速创建上下标注

绘制步骤如下：

1）绘制柱轮廓线，效果如图 6-22 所示。

2）单击"绘图"面板中的"渐变色"命令按钮，对图 6-22 所示图形进行图案填充，图案分别为 ANSI31 和 AR-CONC，效果如图 6-23 所示。

【提示】"绘图"面板中的"渐变色"命令按钮和"图案填充"命令按钮，执行后弹出的对话框的内容基本相同，只是定义填充边界和对孤岛操作的某些按钮不再可用。本步操作无论是采用"渐变色"命令还是"图案填充"命令，都会得到相同效果。

图 6-22　柱轮廓线　　　　　　　　图 6-23　填充图案

3）单击"绘图"面板中的"直线"命令按钮，绘制折线，水平 325，垂直 650，效果如图 6-24 所示。

4）单击"修改"面板中的"镜像"命令按钮，把图 6-24 中的折线图形"镜像"一份，效果如图 6-25 所示。

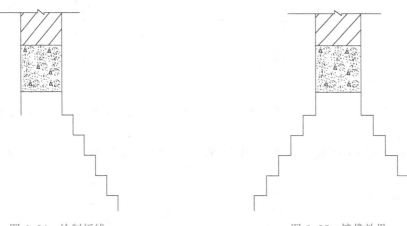

图 6-24　绘制折线　　　　　　　　图 6-25　镜像效果

5) 单击"绘图"面板中的"直线"命令按钮 ⁄，画一条竖线作为定位轴线，效果如图 6-26 所示。

6) 单击"绘图"面板中的"矩形"命令按钮 □，绘制 6500×1500 的矩形，效果如图 6-27 所示。

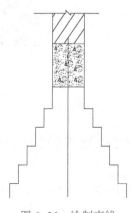
图 6-26　绘制直线

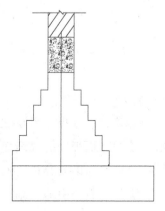
图 6-27　绘制矩形

7) 单击"修改"面板中的"移动"命令按钮 ✛，把图 6-27 中的矩形向左移动 1025，效果如图 6-28 所示。

8) 单击"绘图"面板中的"填充"命令按钮 ▨，将折线内填充成 ANSI31 图案，将矩形里面填充成 AR-CONC 图案，作为基础垫层底面，效果如图 6-29 所示。

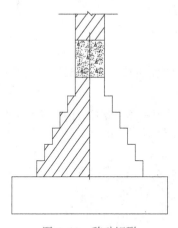
图 6-28　移动矩形

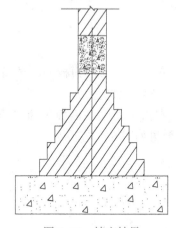
图 6-29　填充结果

9) 单击"绘图"面板中的"矩形"命令按钮 □，绘制 950×1250 的矩形，效果如图 6-30 所示。

10) 单击"绘图"面板中的"多段线"命令按钮 ⌐，按命令行的提示进行操作：

```
命令:pedit
选择多段线或[多条(M)]: m
选择对象:找到 1 个
选择对象:
```

输入选项［闭合(C)/打开(O)/合并(J)/宽度(W)/拟合(F)/样条曲线(S)/非曲线化(D)/线型生成(L)/放弃(U)］：w
指定所有线段的新宽度：50

地圈梁断面轮廓如图 6-31 所示。

图 6-30　矩形　　　　　　　　图 6-31　地圈梁断面轮廓

11）单击"绘图"面板中的"圆"命令按钮⊙，绘制半径为 14 的圆作为配筋的断面图，并在地圈梁断面其他三个角部对称绘制三根配筋的断面图，效果如图 6-32 所示。

12）在图 6-32 的外围对称绘制 1200×1500 的矩形，效果如图 6-33 所示。

图 6-32　绘制配筋符号　　　　　　图 6-33　绘制矩形

13）打开"新建标注样式"对话框，新建地圈梁标注样式。其中"符号和箭头""文字"选项卡的设置与基础平面标注样式相同，将"主单位"选项卡中的比例因子改为"0.2"，如图 6-34 所示。将地圈梁标注样式置为当前。

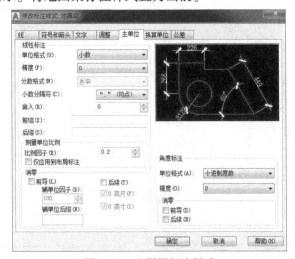

图 6-34　地圈梁标注样式

14）单击"标注"面板中的"线性"按钮 ⊢⊣，进行尺寸标注，最终效果如图 6-35 所示。

【提示】图中符号的实际尺寸是标注尺寸的 5 倍关系。

15）使用地圈梁标注样式，对图 6-29 所示的基础详图进行标注，效果如图 6-36 所示。

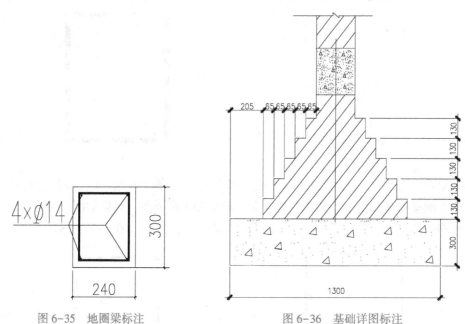

图 6-35　地圈梁标注　　　　　　　　图 6-36　基础详图标注

【提示】基础详图的标注比例由于和地圈梁标注比例相同，因此可以使用相同的标注样式。但与图 6-19 所示的基础平面标注样式不同。

16）绘制标高符号及数字，如图 6-37 所示。

17）绘制索引符号和相关注释文字，如图 6-38 所示。

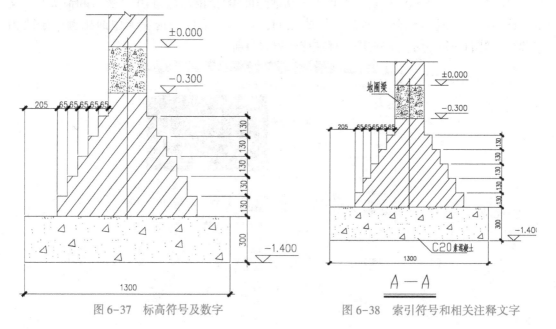

图 6-37　标高符号及数字　　　　　　図 6-38　索引符号和相关注释文字

8. 注意事项的绘制

绘制如图6-39所示的文字。

1.本工程地耐力按75KPa考虑。

2.若地耐力达不到设计要求,则基底加打松木桩,按∅@1000双排交错布置。

3.基础开挖之前,必须以房屋基础外边2m范围内用不小于15t的压路机碾压、压实。

4.电缆出线孔在砌基础时,应参照高压室设备基础平面图预留孔洞,本期未出线的电缆孔应予以封堵。

图6-39 注意事项

将以上绘制的各个图形放置在同一个页面中,并进行布局与调整;认真查找遗漏和错误,并进行修改;添加图框和标题栏。效果如图6-40所示。

6-3 高压室基础平面布置图绘制

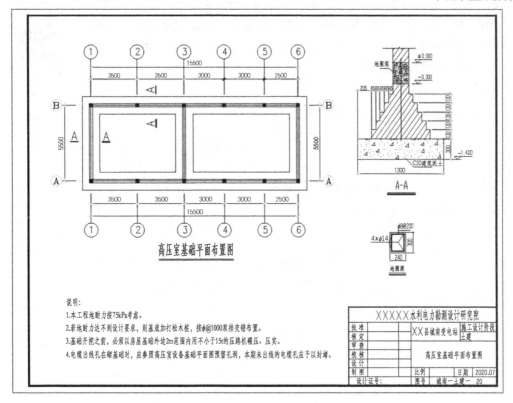

图6-40 高压室基础平面布置图

【提示】当需要强调图中某一部分时,可用修订云线将其重点圈出。

🔘 **技巧宝典 CAD修订云线绘制**

1)随意绘制快捷技巧:命令行输入REVC后再输入F,可以徒手绘制任意形状的修订云线,如图6-41所示。

2)对象生成快捷技巧:命令行输入REVC后再输入O,可以将已知图形的图线转换成修订云线,如图6-42所示。

6-4 CAD修订云线绘制技巧

图 6-41　徒手绘制

图 6-42　已知图形生成修订云线

任务 6.2　配电室平面布置图的绘制

【教中学】

配电室分为高压配电室和低压配电室。高压配电室一般指 6~10 kV 高压开关室；低压配电室一般指 10 kV 或 35 kV 站用变出线的 400 V 配电室。

配电室平面布置图的绘制方法可参考本书工作页项目六中的"变电站控制楼屋面布置图"的绘制步骤及方法。配电室平面布置图不需要很多不同类别的元器件，可按其规划进行合理的设计布局，使其美观大方。一般先绘制轮廓线，再绘制方位图，最后标注文字。

6-5　配电室平
面布置图绘制

【做中学】

配电室平面布置图如图 6-43 所示。

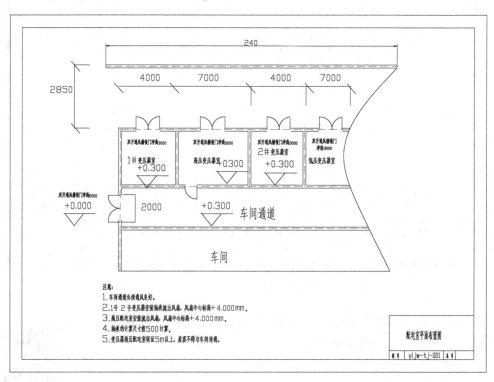

图 6-43　配电室平面布置图

图 6-43 的绘制方法有多种。可以先绘制配电室平面布置图的墙线，再绘制配电室平面布置图的门洞、配电室平面布置图的注释、配电室平面布置图的尺寸标注、绘制标题栏并生

成全图。

　　现在由于 AutoCAD 软件已经出现很多插件，可以使绘图更快捷。请读者自行上网学习"一分钟绘制建筑平面布置图"等小视频，只要安装配套的建筑类的绘图插件，绘图速度会快速提升。

　　◉ **提速宝典**　一键绘制窗户

　　方法：首先，命令行输入 MLST→按下空格键→单击"新建"→输入新样式名为"窗户"→单击"继续"按钮，在出现的对话框中添加图元，如图 6-44 所示。单击"确定"按钮，将此样式置为当前。接着，命令行输入 ML，对正选择"J"→"无"，选择合适比例，即可绘制窗户，图 6-43 也可按此方法绘制，请读者自己练习。

6-6　一键绘制
窗户

图 6-44　添加图元

附　　录

附录 A　AutoCAD 常用工具按钮速查表

名　称	按　钮	命　令	功　能
直线		L	创建直线
点		PO	创建点对象
圆		C	用于绘制圆
圆弧		A	用于绘制圆弧
椭圆		EL	创建椭圆或椭圆弧
图案填充		H、BH	以对话框的形式为封闭区域填充图案
编辑图案填充		HE	修改现有的图案填充对象
边界		BO	以对话框的形式创建面域或多段线
定数等分		DIV	按照指定的等分数目等分对象
圆环		DO	绘制填充圆或圆环
圆环		TOR	创建圆环图形对象
多线		ML	用于绘制多线
多段线		PL	创建二维多段线
正多边形		POL	用于绘制正多边形
矩形		REC	绘制矩形
面域		REG	创建面域
构造线		XL	创建无限长的直线（即参照线）
编辑多段线		PE	编辑多段线和三维多边形网格
样条曲线		SPL	创建二次或三次（NURBS）样条曲线
编辑样条曲线		SPE	用于对样条曲线进行编辑
打断		BR	删除图形一部分或把图形打断为两部分

（续）

名　称	按　钮	命　令	功　能
倒角		CHA	给图形对象的边进行倒角
删除		E	用于删除图形对象
分解		X	将组合对象分解为独立对象
延伸		EX	用于根据指定的边界延伸或修剪对象
拉伸		EXT	用于拉伸或放样二维对象以创建三维模型
拉伸		S	用于移动或拉伸图形对象
圆角		F	用于为两对象进行圆角
拉长		LEN	用于拉长或缩短图形对象
镜像		MI	根据指定的镜像轴对图形进行对称复制
移动		M	将图形对象从原位置移动到指定的位置
阵列		AR	将对象矩形阵列或环形阵列
比例		SC	在 X、Y 和 Z 方向等比例放大或缩小对象
偏移		O	按照指定的偏移间距对图形进行偏移复制
对齐		AL	用于对齐图形对象
旋转		RO	绕基点移动对象
修剪		TR	用其他对象定义的剪切边修剪对象
定距等分		ME	按照指定的间距等分对象
复制		CO、CP	用于复制图形对象
特性		CH	特性管理窗口
颜色		COL	定义图形对象的颜色
线型比例		LTS	用于设置或修改线型的比例
线宽		LW	用于设置线宽的类型、显示及单位
特性匹配		MA	把某一对象的特性复制给其他对象
图层		LA	用于设置或管理图层及图层特性
线型		LT	用于创建、加载或设置线型
列表		LI、LS	显示选定对象的数据库信息

（续）

名　称	按　钮	命　令	功　　能
角度标注		DAN	用于创建角度标注
基线标注		DBA	从上一或选定标注基线处创建基线标注
圆心标注		DCE	创建圆和圆弧的圆心标记或中心线
连续标注		DCO	从基准标注的第二尺寸界线处创建标注
直径标注		DDI	用于创建圆或圆弧的直径标注
编辑标注		DED	用于编辑尺寸标注
对齐标注		DAL	用于创建对齐标注
线性标注		Dli	用于创建线性尺寸标注
坐标标注		DOR	创建坐标点标注
半径标注		Dra	创建圆和圆弧的半径标注
公差标注		TOL	创建几何公差标注
标注样式		D	创建或修改标注样式
快速引线		LE	快速创建引线和引线注释
单行文字		DT	创建单行文字
多行文字		T、MT	创建多行文字
编辑文字		ED	用于编辑文本对象和属性定义
样式		ST	用于设置或修改文字样式
表格		TB	创建表格
表格样式		TS	设置和修改表格样式
距离		DI	用于测量两点之间的距离和角度
选项		OP	自定义 AutoCAD 设置
鸟瞰视图		AV	打开"鸟瞰视图"窗口
绘图顺序		DR	修改图像和其他对象的显示顺序
草图设置		DS	用于设置或修改状态栏上的辅助绘图功能
对象捕捉		OS	设置对象捕捉模式
实时平移		P	用于调整图形在当前视口内的显示位置
捕捉		SN	用于设置捕捉模式
二维填充		SO	用于创建二维填充多边形

名　称	按　钮	命　令	功　　能
插入		I	用于插入已定义的图块或外部文件
写块		W	创建外部块或将内部块转变为外部块
创建块		B	创建内部图块，以供当前图形文件使用
定义属性		ATT	以对话框的形式创建属性定义
编组		G	用于为对象进行编组，以创建选择集
重画		R	刷新显示当前视口
全部重画		RA	刷新显示所有视口
重生成		RE	重生成图形并刷新显示当前视口
全部重生成		REA	重新生成图形并刷新所有视口
重命名		REN	对象重新命名
楔体		WE	用于创建三维楔体模型
三维阵列		3A	将三维模型进行空间阵列
三维旋转		3R	将三维模型进行空间旋转
三维移动		3M	将三维模型进行空间位移
渲染		RR	创建具有真实感的着色渲染
旋转实体		REV	绕轴旋转二维对象以创建实体对象
切割		SEC	用剖切平面和对象的交集创建面域
剖切		SL	用平面剖切一组实体对象
消隐		HI	用于对三维模型进行消隐显示
差集		SU	用差集创建组合面域或实体对象
交集		IN	用于创建相交两对象的公共部分
并集		UNI	用于创建并集对象
单位		UN	用于设置图形的单位及精度
视图		V	保存和恢复或修改视图
导入		IMP	向 AutoCAD 输入多种文件格式
输出		EXP	以其他文件格式保存对象
设计中心		ADC	设计中心资源管理器
外部参照绑定		XB	将外部参照依赖符号绑定到图形中
外部参照管理		XR	控制图形中的外部参照
外部参照		XA	用于向当前图形中附着外部参照

附录 B AutoCAD 常用键盘快捷命令速查表

快捷键	功 能	快捷键	功 能
〈F1〉	AutoCAD 帮助	〈Ctrl+A〉	全选
〈F2〉	图形/文本窗口切换	〈Ctrl+B〉	捕捉模式
〈F3〉	对象捕捉	〈Ctrl+C〉	复制
〈F4〉	数字化仪模式	〈Ctrl+D〉	坐标显示
〈F5〉	等轴测平面切换	〈Ctrl+E〉	等轴测平面切换
〈F6〉	坐标显示	〈Ctrl+F〉	对象捕捉
〈F7〉	栅格模式	〈Ctrl+G〉	栅格模式
〈F8〉	正交模式	〈Ctrl+K〉	超链接
〈F9〉	捕捉模式	〈Ctrl+L〉	正交
〈F10〉	极轴追踪	〈Ctrl+N〉	新建文件
〈F11〉	对象捕捉追踪	〈Ctrl+O〉	打开文件
〈F12〉	动态输入	〈Ctrl+P〉	打印输出
〈Ctrl+0〉	全屏显示	〈Ctrl+S〉	保存
〈Ctrl+1〉	特性管理器	〈Ctrl+T〉	数字化仪模式
〈Ctrl+2〉	设计中心	〈Ctrl+U〉	极轴追踪
〈Ctrl+3〉	工具选项板窗口	〈Ctrl+V〉	粘贴
〈Ctrl+4〉	图样集管理器	〈Ctrl+W〉	对象捕捉追踪
〈Ctrl+5〉	信息选项板	〈Ctrl+X〉	剪切
〈Ctrl+6〉	数据库连接	〈Ctrl+Y〉	重复上一次操作
〈Ctrl+7〉	标记集管理器	〈Ctrl+Z〉	取消上一次操作
〈Ctrl+8〉	快速计算器	〈Ctrl+Shift+C〉	带基点复制
〈Ctrl+9〉	命令行	〈Ctrl+Shift+S〉	另存为
〈Delete〉	删除	〈Ctrl+Shift+V〉	粘贴为块
〈End〉	跳到最后	〈Ctrl+Shift+P〉	快捷特性

AutoCAD 电气工程
制图工作页

班　　级：＿＿＿＿＿＿＿＿

学　　号：＿＿＿＿＿＿＿＿

姓　　名：＿＿＿＿＿＿＿＿

指导教师：＿＿＿＿＿＿＿＿

年　　月　　日

目　录

项目一　AutoCAD 电气工程图的认知

任务 1.1 "学中做"教学工作页

专业		指导教师	
任务 1.1	初步了解 AutoCAD 2018 软件的基本知识	日期	
班级		姓名		成绩	

一、学习目标

1）熟悉 AutoCAD 2018 的工作界面。

2）掌握 AutoCAD 2018 启动方法。

3）使用向导创建新图、使用样板创建新图、使用默认设置创建新图完成规定图形的绘制练习。

4）打开、保存等基本命令的操作。

二、技能要点

1）工作界面的认识。

2）AutoCAD 2018 启动。

3）创建新图的方法。

4）打开、保存等基本命令的使用。

三、课程任务

1）练习启动 AutoCAD 2018 软件。

2）练习打开一个 AutoCAD 2018 文件。

3）练习视图的移动、缩放、旋转。

4）练习绘图区域背景颜色的更改。

5）练习调用绘图命令的几种方法。

【提示及说明】AutoCAD 的工具栏比较多，在绘图时打开需要的工具栏，关闭不需要的工具栏，并合理布局工具栏的位置，能有效提高绘图效率。学习本节的目的，就是熟悉和配置自己的绘图界面。系统选项设置、图层设置、草图设置比较复杂，放到后面的实例中强化学习。

任务 1.2 "学中做"教学工作页

专业		指导教师			
任务 1.2	几种常用电气工程图形符号的绘制			日期	
班级		姓名		成绩	

一、学习目标

1) 熟悉 AutoCAD 2018 常见的几种平面绘图工具的使用。

2) 掌握常见的几种修改工具的使用方法。

3) 学会常用电气工程图形符号的绘制方法。

二、技能要点

1) AutoCAD 2018 常见的几种平面绘图工具的使用及技巧，图形界限的设定。

2) 常见的几种修改工具的使用方法及技巧。

3) 常用电气工程图形符号的绘制方法。

三、课程任务

1) 绘制如图 G1-1 所示的电气图形符号。

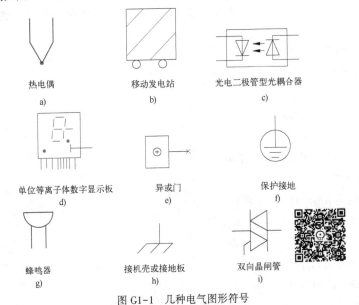

热电偶
a)

移动发电站
b)

光电二极管型光耦合器
c)

单位等离子体数字显示板
d)

异或门
e)

保护接地
f)

蜂鸣器
g)

接机壳或接地板
h)

双向晶闸管
i)

图 G1-1　几种电气图形符号

2) 用至少三种方法绘制如图 G1-2 所示的电气图形符号。

3) 教材配套资料/源文件/项目一/电气图形符号库 GB4728 文件夹，在常用电气图形符号和用途文件、国标图形符号选摘文件中，含有大量常用电气工程图形符号，请根据专业选择一些图形符号进行绘制，并将这些图形符号作为外部块重新存储起来，以备以后在绘图中使用。

星-三角起动器
a)

热继电器的驱动器件
b)

绝缘栅场效应半导体管
c)

图 G1-2 几种电气图形符号

4）非电气图形符号绘制。通过扫描二维码学习一些复杂图形绘制技巧。

绘制如图 G1-3a~d 所示图形。如图 G1-3e 所示，在上面两图基础上，快速绘制下面两图。如图 G1-3f 所示，不用修剪命令，由左图得到右图。

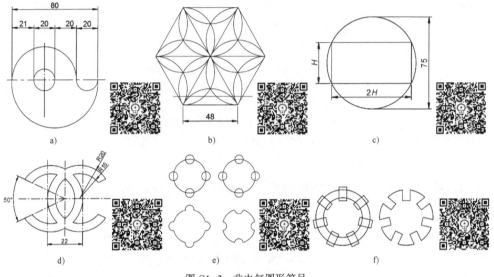

a)   b)   c)

d)   e)   f)

图 G1-3 非电气图形符号

任务1.3 "学中做"教学工作页

专业		指导教师	
任务 1.3	AutoCAD 文字、表格、标注样式的设定与绘制	日期	
班级		姓名		成绩	

一、学习目标

1）学会创建文字样式，包括设置样式名、字体、文字效果。

2）能够设置表格样式，包括设置数据、列标题和标题样式。

3）学会创建与编辑单行文字和多行文字的方法。

4）掌握使用文字控制符和"文字格式"工具栏编辑文字的方法。

5）熟悉创建表格以及如何编辑表格和表格单元的方法。

6）了解尺寸标注的规则和组成，以及"标注样式管理器"对话框的使用方法。

二、技能要点

1）创建文字样式，包括设置样式名、字体、文字效果。

2）设置表格样式，包括设置数据、列标题和标题样式。

3）创建与编辑单行文字和多行文字。

4）使用文字控制符和"文字格式"工具栏编辑文字。

5）创建表格以及编辑表格和表格单元。

6）尺寸标注的规则和组成，以及"标注样式管理器"对话框。

三、课程任务

1）完成电气图样中如图 G1-4 所示"技术要求"的文字对象的输入，注意文字的字体及样式。

技术要求

1. 二次线径为1.5BVR 。

2. 一台软起动器拖动两台电动机。

3. 每台电动机均能单独操作，不分先后次序。

4. 两次操作时间间隔30s。

5. 两台电动机互相备用，主用电动机故障时备用自动投入。

6. 变换电动机备用功能时，时间继电器（1KT 2KT）设定见下表。

图 G1-4 "技术要求"文字

2）某 10 kV 母线电压互感器接线图的设备表如图 G1-5 所示，练习完成下表。

设 备 表

符 号	名 称	型 式	技 术 特 性	数 量	备 注
安装在10kV母线PT柜上的设备（数量为一面柜内设备）					
1ZK	断路器	C65N-10/1P		1	开关柜厂家成套供应
1ZKK～2ZKK	断路器	C65N-10/3P	带辅助接点	1	开关柜厂家成套供应
MES98	微型计算机消谐装置			1	开关柜厂家成套供应
	温湿度控制装置			1	开关柜厂家成套供应
MD	柜内照明灯		～220V 40W	1	开关柜厂家成套供应
K	柜内照明灯开关			1	开关柜厂家成套供应
1G、2G	手车行程开关			1	开关柜厂家成套供应
安装在10kV分段隔离柜上的设备					
7n	PT隔离及并列装置	NAS9201-01		1	
7ZK	断路器	GM32-2300R	2P ，6A	1	开关柜厂家成套供应
7BK	转换控制开关			1	开关柜厂家成套供应
安装在10kV分段断路器柜上的设备					
DL	断路器辅助开关			1	开关柜厂家成套供应

图 G1-5 电压互感器接线图的设备表

3）综合演练：先按图 G1-6 所示绘图，然后使用 AutoCAD 2018 提供的角度、直径、半径、线性、对齐、连续、圆心及基线等标注工具，按图 G1-6 所示进行标注训练。

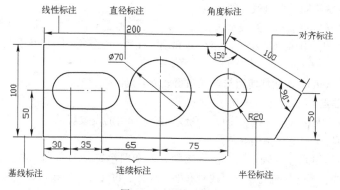

图 G1-6　训练示例图

4）综合演练：绘制如图 G1-7 所示的炉前仪表箱的布置图，并进行尺寸标注。

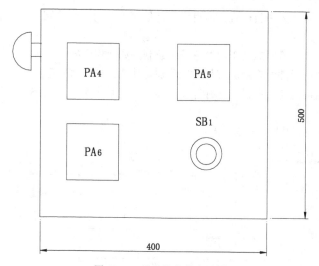

图 G1-7　炉前仪表箱布置图

任务 1.4 "学中做"教学工作页

专业		指导教师		
任务 1.4	电气工程图的基本知识		日期	
班级		姓名	成绩	

一、学习目标

1）掌握图纸幅面及格式、比例、字体、图线、尺寸标注的设置规范及使用方法。

2）熟悉绘制不同类型电气图的规范。

3）掌握电气简图中元件的表示法、信号流的方向和图形符号的布局、电气简图的图形符号、简图连接线、围框和机壳、项目代号和端子代号、位置标记、技术数据和说明性标记等绘制规范。

4）能够将 AutoCAD 软件使用与电气制图规范有机结合起来。

二、技能要点

1）图纸幅面及格式、比例、字体、图线、尺寸标注的设置规范。

2）绘制不同类型电气图的规范。

3）电气简图中元件的表示法、信号流的方向和图形符号的布局、电气简图的图形符号、简图连接线、围框和机壳、项目代号和端子代号、位置标记、技术数据和说明性标记等绘制规范。

4）将 AutoCAD 软件使用与电气制图规范有机结合起来。

三、课程任务

1）举例说明什么是项目代号，项目代号是如何组成的，并绘制一个含有项目代号的电气工程图。

2）进行电气简图绘制时关于图形符号的绘制是如何规定的?

3）电气简图中元件的表示法有几种，分别是什么，是如何规定的?

4）本教材后面的几个项目中，有许多工程图，找几个图，说明图中各项目代号和说明文字的含义。

5）绘制如图 G1-8 所示的标题栏。

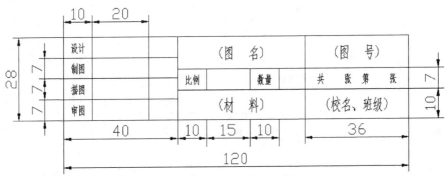

图 G1-8　标题栏

6）绘制 A1 号图纸所对应的图框。图框的内框线线宽为 2，外框线的线宽为 0.25。

7）教材配套资料/源文件/项目—源文件/电气设计施工说明书.dwg 文件中，介绍了一个典型工程案例的施工说明，包括：①设计范围；②一般说明；③设计依据；④施工依据；⑤施工范围；⑥供电设计；⑦电力配电控制；⑧照明配电；⑨设备安装；⑩电缆、导线的选型及敷设；⑪防雷、接地；⑫其他。在阅读该施工说明的同时，与本任务所学内容相结合。总结电气工程设计时所要考虑的实际问题。提高解决工程实际问题的能力。

项目二　三相电动机电气图的绘制

任务 2.1　"学中做"教学工作页

专业		指导教师		
任务 2.1	三相电动机正反转主电路的绘制		日期	
班级		姓名	成绩	

一、学习目标

1）了解三相电动机正反转的应用场合及控制原理。

2）掌握主电路中各电气元件的图形符号及文字符号。

3）掌握主电路中各电气元件的作用及连接方式。

二、技能要点

1）创建新图的方法。

2）AutoCAD 2018 常见的几种平面绘图工具的使用。

3）"修剪""复制""圆角"等命令的灵活使用。

三、课程任务

1）绘制三相电动机直接起动的主电路原理图。

2）绘制三相电动机串接起动电阻的主电路原理图。

任务 2.2　"学中做"教学工作页

专业		指导教师		
任务 2.2	三相电动机正反转控制电路的绘制		日期	
班级		姓名	成绩	

一、学习目标

1）了解三相电动机正反转的应用场合。

2）掌握控制电路中各电气元件的图形符号及文字符号。

3）掌握控制电路中各电气元件的作用及连接方式。

二、技能要点

1) 创建新图的方法。

2) AutoCAD 2018 常见的几种平面绘图工具的使用。

3) "修剪""复制""拉伸"等命令的灵活使用。

三、课程任务

1) 根据所学电气控制基础知识，绘制接触器联锁正反转控制电路原理图。

2) 根据所学电气控制基础知识，绘制双重联锁正反转控制电路原理图。

3) 资料库/源文件/项目二/工程案例文件夹有部分工程图样。这些电气控制原理图的规范和图层设置等操作是本教材未涉及的。在学习这些工程案例的同时，及时总结自己在绘制电气工程图时所缺少的知识和能力，通过以后的学习，有目标地进行补充和强化。

任务 2.3　"学中做"教学工作页

专业		指导教师	
任务 2.3	CA6140 型车床电气控制原理图的绘制	日期	
班级		姓名		成绩	

一、学习目标

1) 了解 CA6140 型车床电气控制原理。

2) 掌握电路中各电器元件的图形符号及文字符号。

3) 掌握控制电路中各电器元件的作用及连接方式。

二、技能要点

1) 创建新图的方法。

2) 将常用电器元件做成块，灵活调用。

3) "移动""修剪""复制"等命令的灵活使用。

4) "多行文字"命令的灵活使用。

三、课程任务

1) 根据所学过的电气控制知识，找到一个钻床的控制电路图，在掌握该机床工作原理的基础上，绘制其电路图。

2) 根据所学过的电气控制知识，找到一个铣床的控制电路图，在掌握该机床工作原理的基础上，绘制其电路图。

3) Y/Δ 起动在供水系统中的应用。图 G2-1 所示为由深井泵向清水池供水控制图。当水池水位到达限定水位时，井泵停机；当低于下限水位时，井泵自动起动。清水池内设有两台水泵，根据用水的几个时间段，可采用一个水泵供水或两个水泵供水，或者是一用二备、二用一备供水。绘制其电路图。

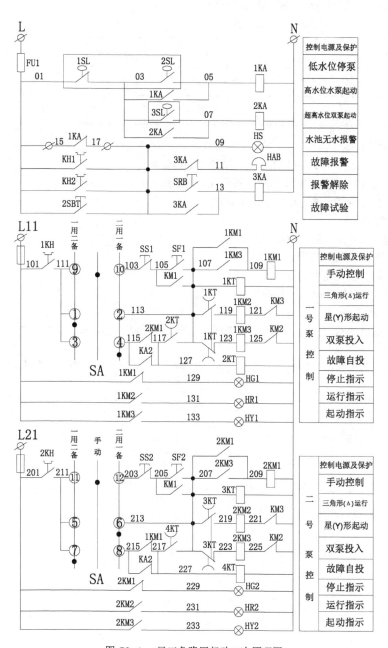

图 G2-1　星三角降压起动二次原理图

任务 2.4 "学中做"教学工作页

专业		指导教师		
任务 2.4	ACE 电气控制原理图的绘制		日期	
班级		姓名		成绩	

一、学习目标

1）了解 AutoCAD Electrical 电气绘图软件的应用场合。

2）掌握 ACE 软件电气元件库中各电气元件的图形符号及文字符号。

3）掌握各电气元件的作用及连接方式。

二、技能要点

1）创建、打开、保存项目的方法。

2）ACE 中模板的选用。

3）"多母线""导线"的设置应用。

4）电气元件库中电气元件的识别和调用。

三、课程任务

1）根据所学知识，绘制如图 G2-2 所示三相电动机直接两地起动/停止的电路控制原理图。

2）根据所学知识，绘制如图 G2-3 所示三相电动机点动和自锁混合控制电路原理图。

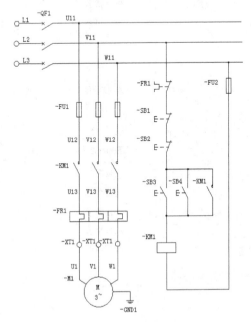

图 G2-2　两地起动/停止电路

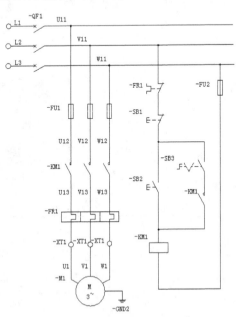

图 G2-3　点动自锁混合控制电路

3）根据所学知识，绘制如图 G2-4 和图 G2-5 所示三相电动机顺序控制主电路和控制电图。

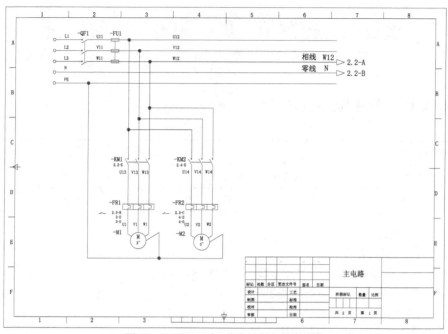

图 G2-4　三相电动机顺序控制主电路图样

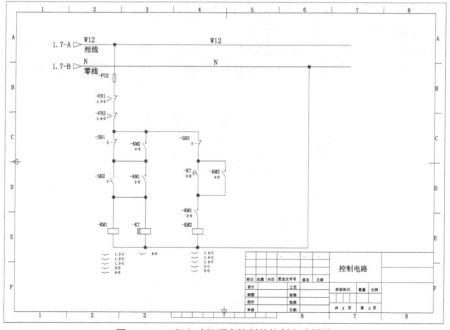

图 G2-5　三相电动机顺序控制的控制电路图样

项目三 控制柜、屏、箱电气图的绘制

任务 3.1 "学中做"教学工作页

专业		指导教师		
任务 3.1	XGN2-12 PT 及避雷器柜原理图的绘制		日期	
班级		姓名	成绩	

一、学习目标

1）了解 PT 的含义。

2）掌握 PT 及避雷器柜原理图中的元件参数和技术指标。

3）掌握电路中各电器元件的作用及连接方式。

二、技能要点

1）创建新图和图层设置的方法。

2）AutoCAD 2018 常见的几种平面绘图工具的使用。

3）"阵列""复制""圆角"等命令的灵活使用。

三、课程任务

查阅相关资料，了解"压变及避雷器柜设计"方法及规则，并按要求及相关规定，绘制如图 G3-1 和图 G3-2 所示的 35 kV 压变及避雷器柜原理图中的几个重要图形对象。

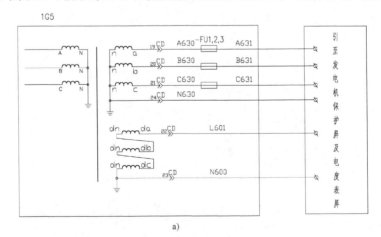

a)

图 G3-1 35 kV 压变及避雷器柜原理图

a）母线 PT 原理图

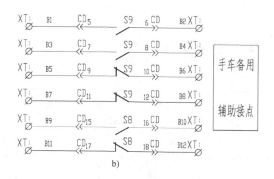

图 G3-1　35kV 压变及避雷器柜原理图（续）

b）辅助接点图

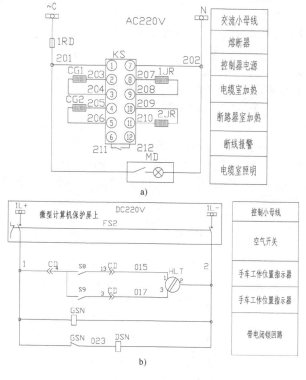

图 G3-2　交流和控制小母线接线图

a）交流小母线连接图　　b）控制小母线接线图

【提示】本教材的一些工程案例图由于幅面较大，图形对象较多，就显得图形对象比较小，在教材中有些图形对象看不清晰。编者已经将本教材的所有案例的源文件放到教材配套资料中，可到教材配套资料/源文件/项目三/工程案例文件夹中查询。

任务 3.2 "学中做"教学工作页

专业		指导教师	
任务 3.2	民宅进线柜原理图的绘制	日期	
班级		姓名		成绩	

一、学习目标

1）了解进线柜的概念及工作原理。

2）掌握柜内一次设备的作用。

3）掌握电路中各电器元件的作用及连接方式。

二、技能要点

1）创建新图及图层设置的方法。

2）AutoCAD 2018 常见的几种平面绘图工具的使用。

3）"修剪""复制""阵列"等命令的灵活使用。

三、课程任务

绘制如图 G3-3 所示的 XGN2—10Z—20T 出线柜原理图，再将各图形放置在同一个页面中，插入图框和标题栏，边布局边调整，组成全图。并总结进线柜图和出线柜图在绘制方法上有哪些异同，进而总结进线柜和出线柜工作原理有哪些异同。

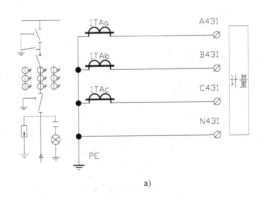

a)

图 G3-3 "XGN2-10Z-20T 出线柜"原理图

a）出线柜计量回路

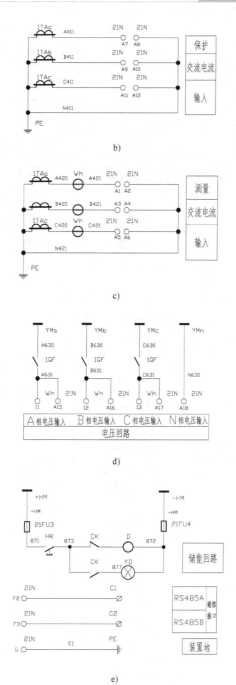

图 G3-3 "XGN2-10Z-20T 出线柜"原理图（续）

b）出线柜保护回路　c）出线柜测量回路　d）出线柜电压回路　e）出线柜储能回路

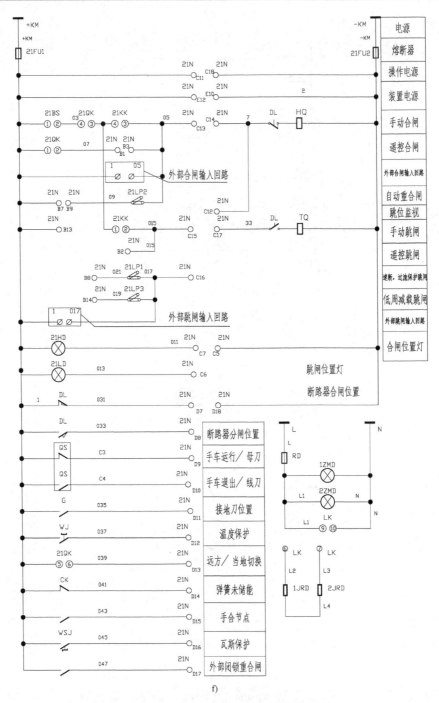

图 G3-3 "XGN2-10Z-20T 出线柜" 原理图 (续)

f) 出线柜控制原理图

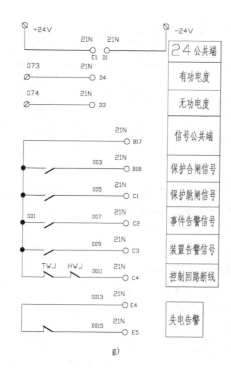

g)

17	RD	熔 断 器	JF5-2.5RD/2A	1	
16	21FU1-21FU4	熔 断 器	JF5-2.5RD/6A	4	
15	1ZMD-2ZMD	照 明 灯	CM-1	2	
14	DL	弹簧操作机构	CT19-400	1	
13	1TAa-1TAc	电流互感器	LZZBJ12-10 600/5	3	
12	1JRD-2JRD	加 热 器	JRD-2	2	AC220V
11	G	辅 助 开 关	F1-4	1	
10	1QF	小型断路器	DZ47-3P DC220V	1	
9	Wh	电 度 表	装好支架	1	外 购
8	21KK	转 换 开 关	LW21-16/04-1	1	
7	21QK	转 换 开 关	LW21-16/09-2	1	
6	HK	旋 钮	LS2-3	1	
5	21HD,21LD,YD	信 号 灯	AD11-25/22	3	
4	21LP1-21LP3	连 接 片	JY1-2	3	
3	LK	凝露控制器	L2K(TH)	1	
2	21BS	编 码 锁	WYF	1	外 购
1	21N	微型计算机装置	GCL-110	1	DC220V
序号	标　号	名　称	型 号 规 格	数量	备注

h)

图 G3-3 "XGN2-10Z-20T 出线柜"原理图（续）

g）出线柜接线端　h）出线柜材料表

任务 3.3 "学中做"教学工作页

专业			指导教师		
任务 3.3	水泵控制屏原理图的绘制			日期	
班级		姓名		成绩	

一、学习目标

1）了解控制屏的相关知识。

2）了解区分控制柜、控制屏、配电箱、控制箱、配电柜等设备的应用场合和各自特点。

3）掌握电路中各电器元件的作用及连接方式。

二、技能要点

1）创建新图的方法。

2）常用电器元件做成块，灵活调用。

3）"阵列""填充""复制"等命令的灵活使用。

4）"多行文字"命令的灵活使用。

三、课程任务

内泵房总降交流屏布置图如图 G3-4 所示。按图 G3-5 所示，绘制各图形，再将图 G3-5 所示图形对象放置在同一个页面中，插入图框和标题栏，边布局边调整，组成全图。并总结各类控制屏绘制方法。

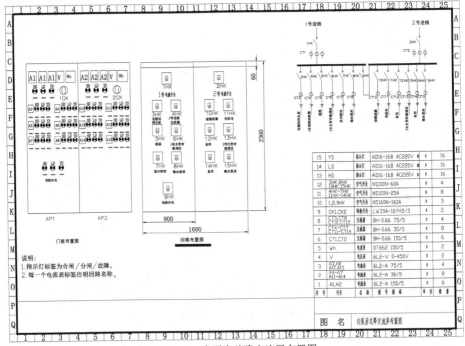

图 G3-4　内泵房总降交流屏布置图

序号	代号	名称	型号规格	单位	数量
15	YD	指示灯	AD16-16B AC220V 黄	只	16
14	LD	指示灯	AD16-16B AC220V 绿	只	16
13	HD	指示灯	AD16-16B AC220V 红	只	16
12	3HK,8HK 10HK,15HK	空气开关	NS100N-60A	只	4
11	4HK~7HK 11HK~14HK	空气开关	NS100N-25A	只	8
10	1,2,9HK	空气开关	NS160N-160A	只	3
9	CK1,CK2	转换开关	LW39A-16YH2/3	只	2
8	CT3,CT8 CT10~CT15	互感器	BH-0.66 75/5	只	4
7	CT4~CT7 CT11~CT14	互感器	BH-0.66 30/5	只	8
6	CT1,CT2	互感器	BH-0.66 150/5	只	6
5	Wh	电度表	DT862 150/5	只	2
4	V	电压表	6L2-V 0-450V	只	2
3	A3,A8 A10,A15	电流表	6L2-A 75/5	只	4
2	A4~A7 A11~A14	电流表	6L2-A 30/5	只	8
1	A1,A2	电流表	6L2-A 150/5	只	6

说明:
1. 指示灯标签为合闸/分闸/故障。
2. 每一个电流表标签注明回路名称。

a) b)

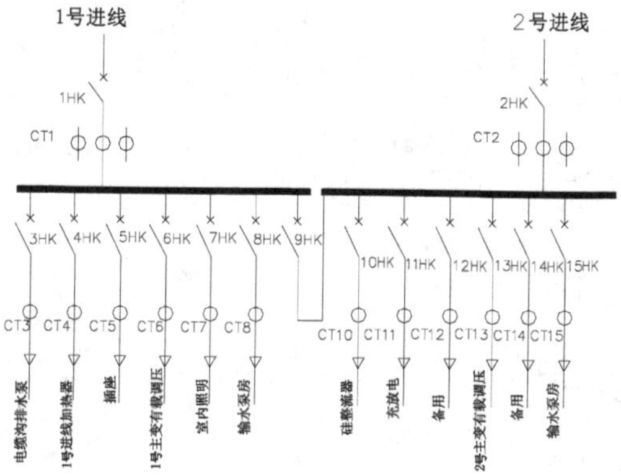

c) 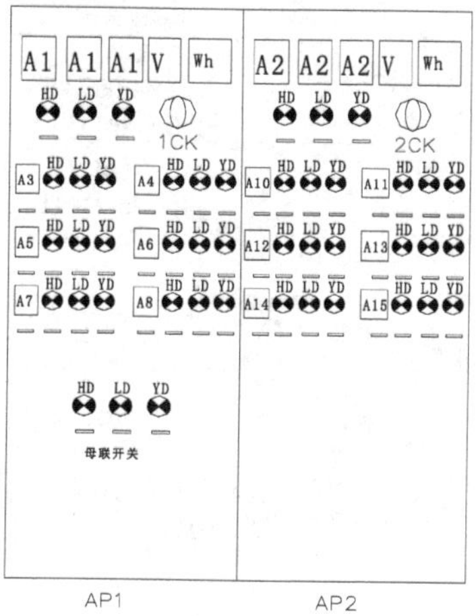 d)

图 G3-5 内泵房总降交流屏布置图分图
a) 内泵房总降交流屏"说明"部分 b) 内泵房总降交流屏"材料表"部分
c) 内泵房总降交流屏"进线电路图"部分 d) 内泵房总降交流屏"门板布置图"部分

任务 3.4 "学中做"教学工作页

专业		指导教师	
任务 3.4	炉前仪表箱设备布置及接线图的绘制	日期	
班级		姓名	成绩	

一、学习目标

1）了解仪表箱的相关知识。

2）掌握电路中各电器元件的图形符号及文字符号。

3）掌握电路中各电器元件的作用及连接方式。

二、技能要点

1）创建新图的方法。

2）图层的设置应用。

3）"修剪""阵列"等命令的灵活使用。

4）"多行文字""缩放"命令的灵活使用。

三、课程任务

1）当配电箱的图形对象比较少、图比较简单时，可以采用一种比较常见的"表图"，即将"表"和"图"有机地结合在一起。如图 G3-6 所示的"表图"即为某配电箱配电系统图。绘制该图，总结绘制"表图"的方法及技巧。

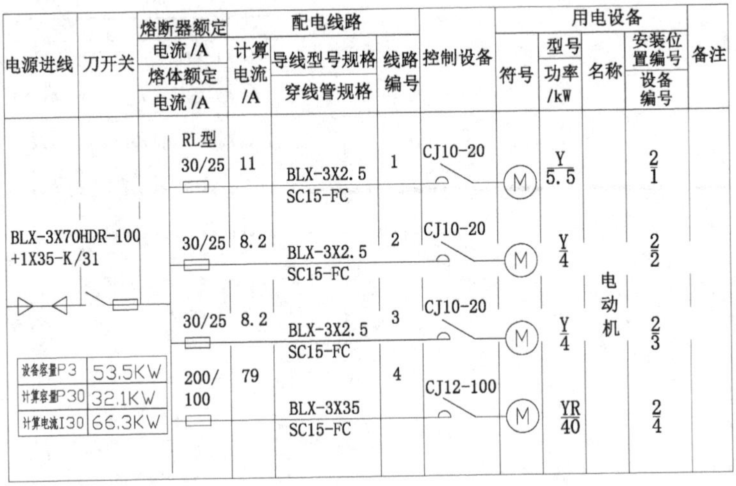

电源进线	刀开关	熔断器额定 电流/A 熔体额定 电流/A	配电线路			控制设备	用电设备			备注
			计算 电流 /A	导线型号规格 穿线管规格	线路 编号		符号	型号 功率 /kW	名称	安装位置编号 设备编号	
BLX-3X70HDR-100 +1X35-K/31		RL型 30/25	11	BLX-3X2.5 SC15-FC	1	CJ10-20	Ⓜ	Y 5.5		2 1	
		30/25	8.2	BLX-3X2.5 SC15-FC	2	CJ10-20	Ⓜ	Y 4		2 2	
设备容量P3 53.5KW 计算容量P30 32.1KW 计算电流I30 66.3KW		30/25	8.2	BLX-3X2.5 SC15-FC	3	CJ10-20	Ⓜ	Y 4	电动机	2 3	
		200/ 100	79	BLX-3X35 SC15-FC	4	CJ12-100	Ⓜ	YR 40		2 4	

图 G3-6　配电箱配电系统图

2）图 G3-7 所示为四平某换热器厂为其换热站配套制作的仪表箱的箱面布置图（详见教材配套资料/源文件/项目三源文件）。总结仪表箱电路图的特点及绘制方法。

3）图 G3-8 所示为直流电源屏系统图（详见教材配套资料/源文件/项目三源文件），绘制该图。在掌握绘图基本方法及技巧的基础上，加快绘图的速度。进一步了解工程案例的设计方法。

4）图 G3-9 所示为学院综合楼 10 kV 计量柜二次原理图（详见教材配套资料/源文件/项目三源文件），绘制该图。总结该图在绘制上的不规范的地方，并改正。

5）图 G3-10 所示为继电保护屏设备布置图，用尽可能快的速度绘制完成该图。

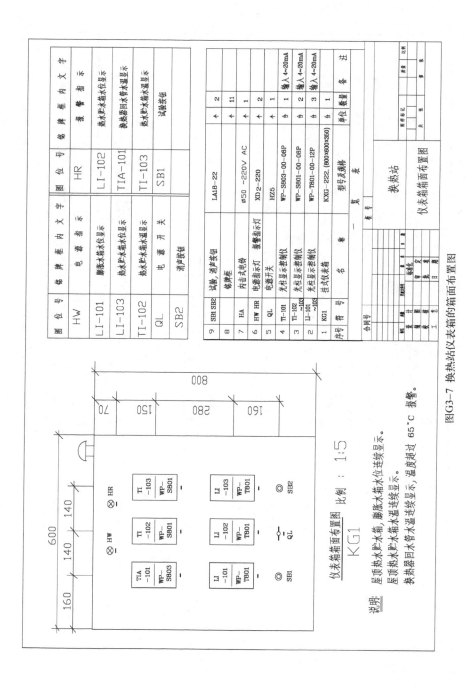

图位号	铭牌内文字	图位号	铭牌内文字
HW	电源指示	HR	热水贮水箱水位显示
LI-101	膨胀水箱水位显示	LI-102	热水贮水箱水位显示
LI-103	热水贮水箱水位显示	TIA-101	换热器回水管水温显示
TI-102	热水贮水箱水温显示	TI-103	热水贮水箱水温显示
QL	电源开关	SB1	试验按钮
SB2	消声按钮		

序号	符号	名称	型号及规格	单位	数量	备注
9	SB1 SB2	试验、消声按钮	LA18-22	个	2	
8	HA	蜂鸣器		个	11	
7		报警指示灯	HZ5	个	1	
6	HW HR	电源指示灯	φ50 ~220V AC	个	1	
5	QL	电源开关	XD2-220	个	2	
4	TI-101	光柱显示控制仪	WP-S803-00-08P	台	1	输入 4~20mA
3	TI-102 ~103	光柱显示控制仪	WP-S801-00-08P	台	2	输入 4~20mA
2	LI-101 ~103	光柱显示控制仪	WP-T801-00-12P	台	3	输入 4~20mA
1	KG1	挂式仪表箱	KXGG-2222.(800×600×350)	台	1	

总 表

换热站
仪表箱箱面布置图

仪表箱箱面布置图 比例：1:5

说明：
屋顶热水贮水箱、膨胀水箱水位连续显示。
屋顶热水贮水箱水温连续显示。
换热器回水管水温连续显示，温度超过 65°C 报警。

图G3-7 换热站仪表箱的箱面布置图

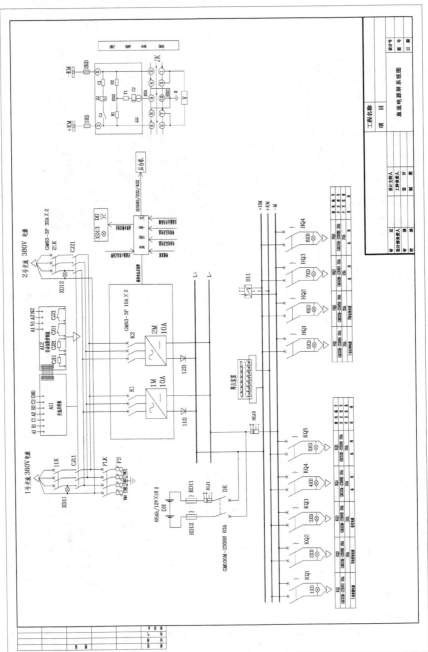

图 G3-8 直流电源屏系统图

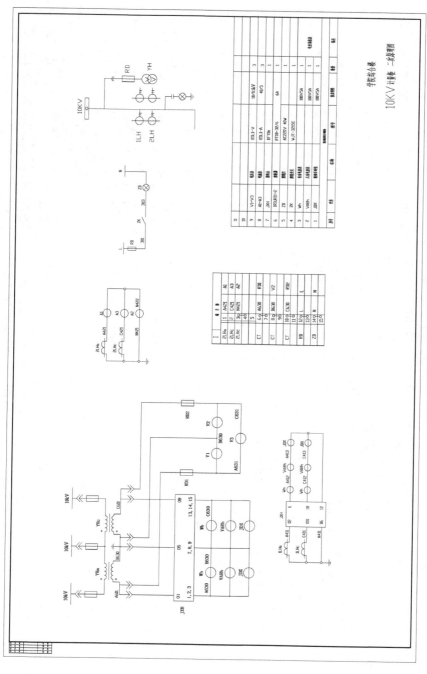

图G3-9 学院综合楼10kV计量柜二次原理图

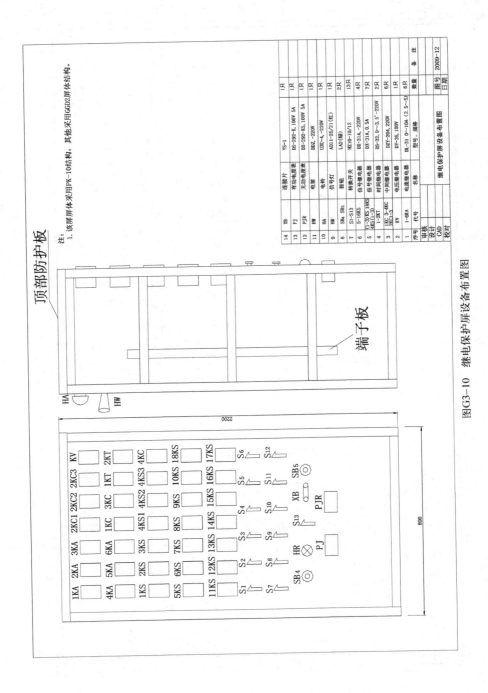

图G3-10 继电保护屏设备布置图

项目四 工控系统图的绘制

任务4.1 "学中做"教学工作页

专业		指导教师	
任务4.1	PLC 硬件接线图的绘制	日期	
班级		姓名	成绩	

一、学习目标

1）了解 PLC 硬件接线图的主要内容。

2）掌握 PLC 硬件接线图的绘制步骤和规范。

3）掌握电路中各电气元件的作用及连接方式。

二、技能要点

1）创建新图的方法。

2）创建外部块及调用。

3）"修剪""复制""阵列"等命令的灵活使用。

三、课程任务

1）参考教材配套资料项目四源文件中"某脱脂机组 PLC 控制电路图"进行绘图。同时总结 PLC 的硬接线绘图技巧。

2）参考教材配套资料项目四源文件中"PLC 安装图"进行绘图。同时比较 PLC 输入、输出各种模拟量模块和数字量模块安装时的注意事项。

任务4.2 "学中做"教学工作页

专业		指导教师	
任务4.2	变频恒压供水—用一备一次回路电气图的绘制	日期	
班级		姓名	成绩	

一、学习目标

1）了解变频器的相关知识。

2）掌握电路中各电器元件的图形符号及文字符号。

3）掌握控制电路中各电器元件的作用及连接方式。

二、技能要点

1）创建新图的方法。

2）常用电器元件做成外部块，灵活调用。

3）"移动""修剪""复制"等命令的灵活使用。

4）"多行文字"命令的灵活使用。

三、课程任务

1）参考教材配套资料项目四源文件中"变频供水一备一用二次回路图"。此图与本项目任务二变频恒压供水一用一备电气原理图一次回路图是同一个项目的图样。请读者自行练习绘制二次回路图，并比较二次回路图与一次回路图的特点，总结绘制方法。

2）图 G4-1 和图 G4-2 所示为继电器输出型三菱 PLC 系统硬件设备连接图，只是 PLC 输出端子类型不同。图 G4-1 为晶体管输出型三菱 PLC 系统硬件设备连接图，根据所学专业知识，分析两张图样的异同，同时学会将图 G4-1 快速修改为图 G4-2 的方法（参考教材配套资料项目四源文件）。

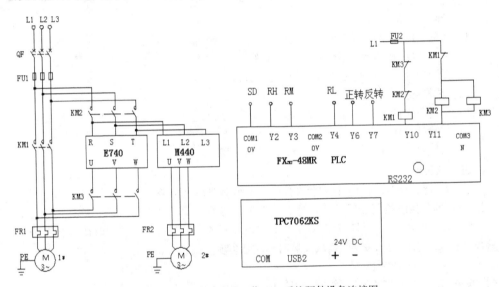

图 G4-1　继电器输出型三菱 PLC 系统硬件设备连接图

3）图 G4-3 所示为 HMI 电动机星三角起动及变频器三段速控制工控图（详见教材配套资料）。请用所学过的专业知识，边绘图边分析此图的工作原理，从而在提升绘图能力的同时，巩固工控领域的专业知识（参考教材配套资料项目四源文件）。

4）图 G4-4 所示为 HMI 控制双速电动机和变频器工控系统图（详见教材配套资料）。请用所学过的专业知识，边绘图边分析此图的工作原理，并结合所使用 PLC 型号对该图进行重新修订，这是广大工控人员设计时必须掌握的一项技能（参考教材配套资料项目四源文件）。

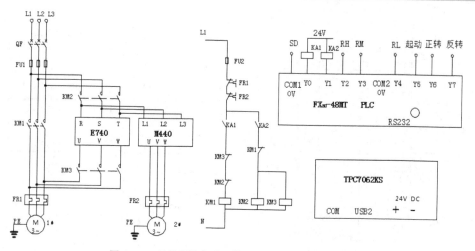

图 G4-2 晶体管输出型三菱 PLC 系统硬件设备连接图

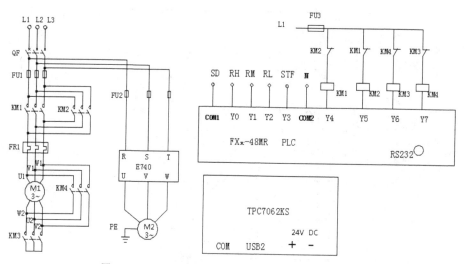

图 G4-3 HMI 电动机星三角起动及变频器三段速控制图

5）图 G4-5 所示为四平换热器生产厂家的一张变频器控制系统图，请绘制此图。

6）参考教材配套资料项目四源文件中的"换热器电气图样二"（一套电气图样集），练习成套图样的绘制。

7）全国高职院校"现代电气控制系统安装与调试"比赛，是目前非常受职业院校师生欢迎的一项赛事。这项赛事中，要求学生能够绘制标准的现代电气控制系统安装与调试系统图。教材配套资料中有两个比赛题目的参考图样，为参加比赛的同学提供一个借鉴。

教材配套资料中有 14 套图样。这些工程案例的绘制方法在前述项目中均已经练习过，请读者选择其中的几套图样来练习绘制，并进一步了解工程设计图样的绘制规范与技巧。

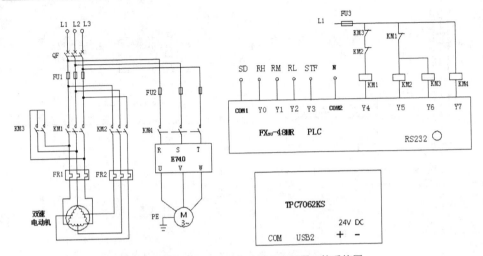

图 G4-4　HMI 控制双速电动机和变频器工控系统图

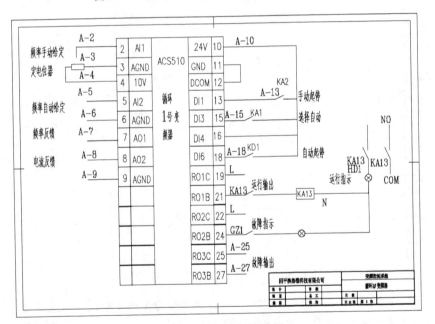

图 G4-5　变频器控制系统图

项目五　机电一体化工程图的绘制

任务 5.1　"学中做"教学工作页

专业		指导教师		
任务 5.1	电液伺服系统和液压控制图的绘制		日期	
班级		姓名		成绩	

一、学习目标

1）了解电液伺服系统电气原理图和液压控制原理图的基本组成。

2）掌握电液伺服系统电气图和液压控制图的绘制方法。

3）强化对机电液气一体化工程图有关知识的掌握、理解与吸收。

二、技能要点

1）分析问题、解决问题的能力。

2）电液伺服系统电气图和液压控制图相关知识的获取能力。

3）制定绘制两种原理图表达方案的能力。

三、课程任务

1）教材配套资源/项目五中有某电液伺服系统电气原理图的部分图，可参考绘图。

2）教材配套资源/项目五中有液压控制原理图，可参考绘图。

任务 5.2　"学中做"教学工作页

专业		指导教师		
任务 5.2	变压器围栏和变压器安装图的绘制		日期	
班级		姓名		成绩	

一、学习目标

1）了解变压器围栏和变压器安装图的基本组成。

2）掌握变压器围栏和变压器安装图的绘制方法。

3）强化对机电液气一体化工程图有关知识的掌握、理解与吸收。

二、技能要点

1）分析问题、解决问题的能力。

2）变压器围栏和变压器安装图相关知识的获取能力。

3）制定绘制两种工程图表达方案的能力。

三、课程任务

1）参考教材配套资源/项目五中的变压器围栏安装图，练习绘制。

2）参考教材配套资源/项目五中的变压器安装图，练习绘制。查对实物比较一下，工程图样中的图形对象与实物的区别。

项目六　建筑电气工程平面图的绘制

任务6.1　"学中做"教学工作页

专业		指导教师	
任务 6.1	变电站控制楼屋面布置图	日期	
班级		姓名		成绩	

一、学习目标

1）了解变电站控制楼屋面布置图的主要构成。

2）掌握绘制变电站控制楼屋面布置图的步骤。

3）根据绘制变电站控制楼屋面布置图的步骤完成绘图，做到工程实例与行业规范相结合。

二、技能要点

1）培养学生分析问题、解决问题的能力。

2）变电站控制楼屋面布置图相关知识的获取能力。

3）制定变电站控制楼屋面布置图表达方案的能力。

三、课程任务

图 G6-1 所示为变电站控制楼屋面布置图，请参照主教材"任务 6.1 高压室基础平面布置图"的绘制方法，按步骤绘制该图。

任务6.2　"学中做"教学工作页

专业		指导教师	
任务 6.2	常见平面布置图的绘制	日期	
班级		姓名		成绩	

一、学习目标

1）了解平面布置图的主要内容。

2）掌握绘制基础平面布置图的步骤。

3）能够将工程实例与行业规范相结合。

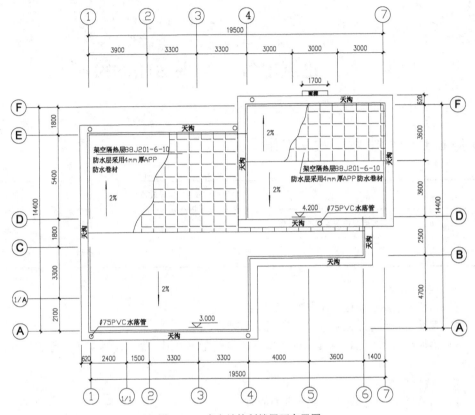

图 G6-1　变电站控制楼屋面布置图

4）在学习琚永安工作室 CAD 工程图样的基础上，了解供配电图样的绘制方法及规范。

二、技能要点

1）培养学生分析问题、解决问题的能力。

2）制定平面布置图表达方案的能力。

3）行业设计规范的掌握与理解。

三、课程任务

1）图 G6-2 所示为某开关室平面布置图（详见教材配套资料/项目六）。开关室与变电站的区别如下：从电压变换上说，开关室不会有电压等级的变换，而变电站会有电压等级的变换；从范围上说，开关室不会包括变电站，但是变电站里会有开关室。绘制平面布置图常用的方法是平面模型布置法。可查阅相关资料，了解开关室的设计规则及绘制方法，并按要求及相关规定绘制该图。

2）某电气总平面图如图 G6-3 所示（详见教材配套资料/项目六），自己设计绘图步骤及方法，绘制该图。

3）教材配套资源/源文件/项目六/琚永安工作室 CAD 资料文件夹中，有部分琚永安高级工程师为读者精选的电气工程绘图练习源文件，请读者观摩学习（仅供参阅，禁止外传）。学习劳模工作室真实案例的同时，体验一下劳模精神带你一起奋发向上的动力。

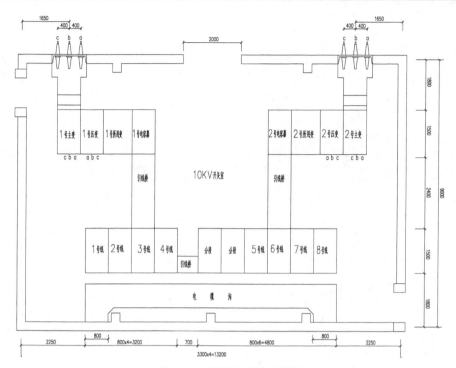

图 G6-2　某开关室平面布置图

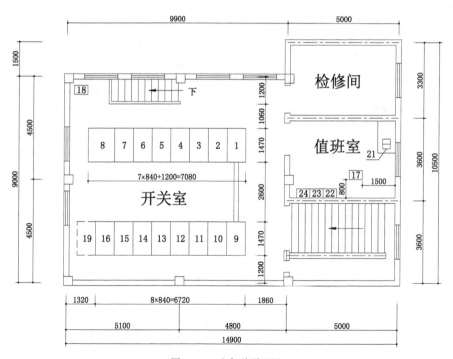

图 G6-3　电气总平面图